愛国心と愛郷心

新しい農本主義の可能性

宇根　豊
Yutaka Une

農文協

目次

第四章

百姓は自然とともに近代を撃つ……165

第六章

農本主義の可能性

愛国心と愛郷心

新しい農本主義の可能性

はじめに

村の中の椋(むく)の木を見上げて、友人が言います。「昔はこの木に登って椋の実を食べたものだ」。私も応じます。「そうだなあ、オレも登ったなあ」。しかし、私が登ったのは遠いふるさとの椋の木で、遊んだのはこの森ではありません。この村にやって来て、百姓になって二五年が経ちます。この村で死んでいきますが、やっとあの山に帰っていくんだな、死後はこの村を見下ろすんだな、と思えるようになったのは、最近のことです。それまでは私の「ふるさと」は生まれた村でした。思い出の多くは、その村で遊んだ山や樹や風や水や魚や虫や草花でした。

したがって現在の在所には、少年の頃の思い出はまったくありません。この欠落感はなかなか埋められるものではありません。つまりこの村で生まれ育った友人と比べて「郷土愛」「愛郷心」が格段に弱いのです。

その愛郷心が私にも少しずつ育ったことを意識するのは、田んぼに行くときです。この田んぼも借りた田んぼで私の所有ではありませんが、もう完全に私の田んぼです。その田んぼで、夏の日は毎日稲と顔を合わせ、藁と堆肥をすき込んで土を豊かにし、少しずつ深く耕し小石を取り除いてきました。やっとこの田んぼもわが身の一部だと感じるようになったとき、横を流れている川も、その向こうの山も、村の神社も、私が生きている世界だという気がしてきたのです。名を呼びながら草を刈り、虫見板で虫たちと顔を合わせ、腰を伸ばすと赤とんぼの群れに包まれるとき、ずーっとここで生きてきたような気になるのです。

ただ、この私の世界にも、荒れた風景が、毎年毎年押し寄せてきます。「どうにかならないものか」と胸が痛くなります。つい、この荒廃をもたらしている深い原因は何だろうか、と考え込みます。そして「この原因を取り除かないと、この在所は守れない」と目覚めるときに、湧き上がってくる自覚こそが「意識的」な愛郷心なのです。

明治以降、日本国が「国益」を増し、国民を幸せにするために進めてきた資本主義は「ナショナリズム」を必要としたのだと思います。なぜなら、国が富むからこそ在所も豊かになる、と説得しなければ「愛国心（ナショナリズム）」などは育たなかったからです。一方の「愛郷心」は体よく利用されるばかりで、ほとんどの場面でうち捨てられてきました。

「国破れて、山河あり」と言います。現代はまったく逆です。国は栄えているのに、山河が年々荒れていくのです。政府や農政が悪いとかいう問題よりも、はるかに根が深い原因があります。

ここに気づくと、もはやこの「ナショナリズム」と、在所への「愛郷心」は相容れません。こういう感情が、年々強くなっていくのが、現代のニッポン国のどこかの在所に住んでいる百姓の共通の実感になってしまいました。国家は、山河を飛ぶ赤とんぼに見とれる時間は無駄な時間だ、と言います。そういう無駄な時間を切れ捨てられない農業は経営感覚に乏しい劣った産業なのだそうです。ほんとうにそうでしょうか。山河や赤とんぼを見つめる習慣を失ったときに、このニッポン国の山河や赤とんぼは、山河や赤とんぼであり続けられるのでしょうか。それを、この本で一緒に考えていきましょう。

現代の私たちはいつの間にか「国民」になっています。
それぞれの在所の集まりが日本国であり、
それぞれの国民の愛郷心（パトリオティズム）が寄り合って、
愛国心（ナショナリズム）になった、と思いこんでいます。
ほんとうにそうでしょうか。
なぜそう思い込むようになったのでしょうか。

序章

私たちは「国民」になった

「国民」の誕生

国民・国家意識はそう簡単には浸透しなかった

アーネスト・サトウの『一外交官の見た明治維新』に、驚愕するような事実が載っています。彼は、一八六四年（元治元年）にイギリス・フランス・オランダ・アメリカの四国連合艦隊が下関の長州藩の砲台を砲撃するときに、連合国側の通訳として参加しました。戦争が終わると、見物に来ていた長州藩の百姓や町民は、砲台から大砲を引きずり降ろす連合国の兵隊を、「攘夷戦争など迷惑な話だ」と言いながら、喜んで手伝ったのです。この事実は、フランスの水兵ルサンも『英米仏蘭聯合艦隊幕末海戦記』に書き残しているそうです。

この時代には、一部の志士たちはともかく、圧倒的な庶民である百姓や町民にとって、「国」と言えば「藩」でしたが、その藩ですら庶民には肩入れする対象ではなかったのです。私はこの話を読んだときの感動を忘れることができません。じつにすがすがしい気分になったことを覚えています。長州藩と言えば、当時は「尊皇攘夷」の強い拠点でしたが、百姓にとってはそんなことはどうでもよかったのです。日本国どころか藩すらも愛してはいませんでした。それは当然です。藩は武士たちのもので、百姓にとっては、藩主とて「お国替え」で、替わりがきく役人でしかなかったのですから。

橋川文三の『ナショナリズム』の中にも、土佐藩の板垣退助が官軍の将として、会津藩に侵攻したときの印象深い記述があります。

すでにして兵を進めて会津に入らんとするにあたり、自らおもえらく、会津は天下屈指の雄藩にして、政善に民富む、もし上下心を一にし、戮力（りつりょく）もって国に尽さば、わが三千未満の官軍いかんぞ容易にこれを降ろさんや、ただよろしく若松城下をもって墳墓とし、斃（たお）れてのちやまんのみと。ようやくしてその境土にのぞむや、あにはからん一般の人民は妻子を伴ない家財を携えことごとく四方に遁逃し、一人の来てわれに敵する者なきのみならず、漸次ひるがえってわが手足の用をなし、賃金をむさぼって恬（てん）として恥じざるにいたる。われ深くその奇観なるを感じ、いまだかつてこころにこれを忘れず。（「板垣退助君伝」。傍点は引用者）

上の文章の「国」とは藩のことです。これを受けて、橋川はこう記述しています。「当時、征討参謀として会津攻略に従事した板垣は、同藩人口のうち藩国の滅亡に殉じるものわずか三千の武士団のみという事実にショックをうけ、もし日本全体もまたそうであったとしたらということに想到して辣然とした。そして、住民のすべてが国家と運命をともにするような体制を作るためには、何よりもまず『四民均一の制を建て、楽をともにし憂を同じうする』ことが必要だという観念を与えられた。後年、彼が『自由民権』の運動に立ち上がったのは、この時の経験にもとづくというのが、『自由党史』の伝える有名な伝説である」。

明治初期まで、私たちの先祖の百姓は、「日本国民」ではなかったのです。つまり板垣や明治政府の指導層が憂慮するように、「国民」意識は、簡単には育ちそうにはなかったのです。「日本国」とは、まだまだ一部の官僚や知識人だけが抱いていた概念でした。ところが、いつの間にか皆が「日本人」になり「国家」を支えるようになり、「お国のため」(この場合は日本国)という意識が育っていきました。私たち百姓に限らず庶民は次第に国民化され、農村もまた日本国に組み入れられてきたのです。

私が住んでいる村は江戸時代は筑前の国「佐波村」として自治が貫かれていました。江戸時代の初期には唐津藩に属していましたが、一六九一年(元禄四年)には天領となり、一七一七年(享保二年)には遠いところにある中津藩に変わり、明治時代に「日本国」になりましたが、佐波村の内実はまったくと言っていいほど影響を受けませんでした。村さえ守れるならば、藩はどこでもよかったのです。

ところが、江戸時代からおおよそ八〇戸の大きさであった「佐波村」にも、一八七四年(明治七年)にはもう小学校が開設されました。片田舎の小さな村にも小学校をつくって、国民化を推し進めなくてはならないという当時の指導者の気迫が伝わってくるような気がします。

こうして、国からの教育によって、私たちの先祖は全国統一の「日本語」を習い、「太陽暦」を使うようになり、「国民・国家」という意識を身につけ、日本人に育てられました。そして「近代化」（文明開化）と呼ばれるものが、国を豊かにするものだという考え方を教え込まれたのです。この流れは避けられなかったとは思いますが、一方では村と自然に大きな傷を残すことになったことは、今日に至るまでほとんど気にとめられていません。

愛国心（ナショナリズム）と愛郷心（パトリオティズム）

現代人である私たちは、日本国の国民だという自覚を持っています。しかし、それは国家によってナショナリズムを身につけさせられたからだ、つまり国民化された結果だ、とは思っていません。自然にそうなった、と感じています。ふるさとや在所の延長に国家があると思っているのです。これは幕末の長州や会津の百姓たちとは、ずいぶん違います。

そこでもう一度、橋川文三の『ナショナリズム』から引用してみます。まず、次の文章を読んでください。

祖国とは、私たちが子どものころに夕暮れまで遊びほうけた野辺のことであり、裸電球のもとで家族で囲んだ食卓の暖かさであり、塩や砂糖や菓子を商っていた村の小さな商店の陳列棚のことである。私たちがその実のなるのを待ちわびたザクロの樹や柿の木の生えた庭にこそ、祖国はあった。家から見える谷川の曲がった流れ、棚田の連なり、ホタルの小川、群れ飛ぶ赤とんぼ、遠くに白い埃を巻き上げて走っていくバス、峠を越えていく道を登っていった思い出、子守歌の哀調、祭りの時の神楽のときめき……それらが祖国である。人間にとって、祖国とは国家のことではなく、幼年時代のふとした折のなつかしい記憶、希望にみちて未来を思い描いていたころの思い出のことである。

橋川が同書で引用している、ドイツの社会学者ロベルト・ミヘルス（一八七六〜一九三六）の『パトリオティズム』の一節を、私が日本に置き換えてみたものです。このような誰にでもある人間の感情を、ミヘルスは「鐘楼のパトリオティズム」呼びました。そして、ミヘルスはナショナリズムとの関係を次のように説明しています。

郷土感情は、多くの場合、もっとも快い、もっとも詩的な人間感情の花というべきものであることは疑いがない。しかしこのような鐘楼のパトリオティズムは、大規模な様式をともなう国家愛と決して論理的なつながりをもつものではない。生まれ故郷への愛は、祖国への愛を含むものではない。後者は、自分が生まれたのでもなく、見たこともなく、したがってまたなんら幼年期の思い出によって結ばれてもいない町や村のすべてを包含するからである。

ミヘルスの説を受けて、橋川はこう整理しています。

パトリオティズムは「愛国心」「祖国愛」という言葉に訳されるのが普通であるが、「愛国」とか「祖国」というと、ナショナリズムとの区別がかなり紛らわしくなるきらいがある。というのは、パトリオティズムはもともと自分の郷土、もしくはその所属する原始的集団への愛情であり、あらゆる種類の人間のうちにひろく知られている感情にすぎないからである。即ち、歴史の時代を問わず、すべての人種・民族に認められる普遍的な感情であって、ナショナリズムのように、一定の歴史的段階においてはじめて登場した新しい概念ではないということである。（中略）ナショナルな感情は、世論の力や、教育や、文学作品や新聞雑誌や、唱歌や史跡などを通して教えこまれるのに対し、郷土愛は人間の成長そのものとともに自然に形成されるより根源的な感情なのである。

ナショナリズムはパトリオティズムを土台としているように見えますが、本来両者は別物なのです。このことを自覚していないと、愛郷心が愛国心に取り込まれてしまい、ふるさとや在所よりも国家を優先させてしまいます。田舎に住んでいる私の実感としては、現代の日本国の中で、ナショナルな価値とパトリの価値は四六時中対立しています。けっしてナショナルな価値のほうを優先する必要はないのに、いつも在所の価値は悔し涙を流しているのです。

日本のどこに行っても荒れ果てた田畑と山と自然の村に出会いますが、この国はＧＤＰでは世界三位の経済大国です。現代の日本人の「愛国心（ナショナリズム）」は国益の増大をもたらす一方で、ふるさとの山河をいとおしく思う「愛郷心（パトリオティズム）」を、やせ衰えさせてきたのではないでしょうか。生きとし生けるものへの情感に満ちていた、在所の天地有情の世界は瀕死の状態です。この在所の世界への愛郷心こそが、ナショナルな価値の土台だという素朴な愛国心は、一貫して利用されるばかりで、軽視され続けているのです。

そこで私は、この在所への愛郷心をことさらに意識化・先鋭化することによって、つまり軽視されてきた在所の価値をあえて「もうひとつのナショナルな価値」として押し立てることで、今日主流である経済的なナショナルな価値（国益）に対抗させたいのです。

近代化とは何だったのか

「伝統」という言葉の初出は明治時代ですから、「伝統」という考え方が近代化によって生み出されたことは明白です。なぜなら、それまで普通にあたりまえに続いてきたものは、新しい近代的なものと比べられたときに、はじめて「古い」ものとして、否が応でも自覚されるからです。「近代化」は社会を進歩させるために、それまでの習慣を破壊し、古くさいものとして捨てようとしましたが、それを救い出して新しいものに対抗させようとしたときに生まれたのが「伝統」なのです。

このように「伝統」とは、近代化に対抗するものを再発見し、それに新たな言葉（概念）を与えることから生まれるものです。「愛郷心（パトリオティズム）」もその一つです。自分の在所やふるさとをいとおしく思ったり懐かしんだりするのは、あたりまえのことで、近代化以前はそれに言葉を与えることはありませんでした。しかし近代化をすすめる側も、この感情に言葉を与えなくてはならない事情を抱えていたのです。なぜならこの感情を利用しなければ、新しいナショナリズムを植え付けることができなかったからです。

ここがとても大切なところです。「近代化」というのは、まったく新しい異形のものなのに、それを受容させるために、いかにもそれまであった旧来のものを発展させたかのように装う必要がありました。その強力で、強烈で、きらめくような威力で旧来の側の眼をくらませて、「じつはこれはあなたたちの内発的なものを、発展させたのですよ」と言われてきたのです。

気をつけなければならないのは、こういう人たちが使う「伝統」とは、近代化される前からあったように見せかける「新しくつくられた伝統」である場合が多いということです。その代表が「愛国心（ナショナリズム）」です。「国民国家」という概念は近代化によって、西洋から輸入されたものであるにもかかわらず、愛国心は昔からあるのだと、それが伝統なのだと言うのです。こう言っても、「いや、日本国はずーっと昔からあったはずだし、先祖も日本人だったのだから、国は愛していたはずだ」と言う人がいるかもしれません。しかしこれは、ナショナリズムを身につけた国民の新しい考え方です。そのことは先に紹介した長州と会津の百姓が証明しています。

とても嬉しいことがあったら「世界一の幸せ者だ」と言うこともあるでしょう。あるいは「この村は世界一住みやすいところだ」と思うこともあるでしょう。この場合の「世界」とは、けっして世界地図規模の世界ではないでしょう。自分の内側からつかんでいる世界であって、地球の外側から眺めた世界ではありません。これを「日本一の幸せ者」と言い替えても、同じ図式になるでしょう。日本と言っても、行ったことのない村や町のほうが圧倒的に多いのですから、厳密には「日本一」かどうかはわかりません。

図1を見てください。右の図は変な気がしませんか。現代人なら左の図は合点がいくでしょうが、右の図では、国を小さいほうに、在所を大きいほうに分類しています。こちらのほうが近代化される前の日本人の感覚だったのではないでしょうか。人生の九九%は在所で暮らしていて、感じることも圧倒的に在所のものが多かったのですから。

こういう感覚があるから、在所で日本や世界を「代表」「代弁」「代替」させることが違和感なくできるのです。こうした感覚は、現在でも残っています。村で暮らしている百姓の実感としては、在所の世界が自分の世界のほとんどです。国は、新聞やテレビや雑誌の中に、たまには役場や農協からのチラシの中に、顔を出すだけです。遠いところに、小さくあるだけです。

でも、いったん在所を離れ、日々の百姓仕事とは関係の

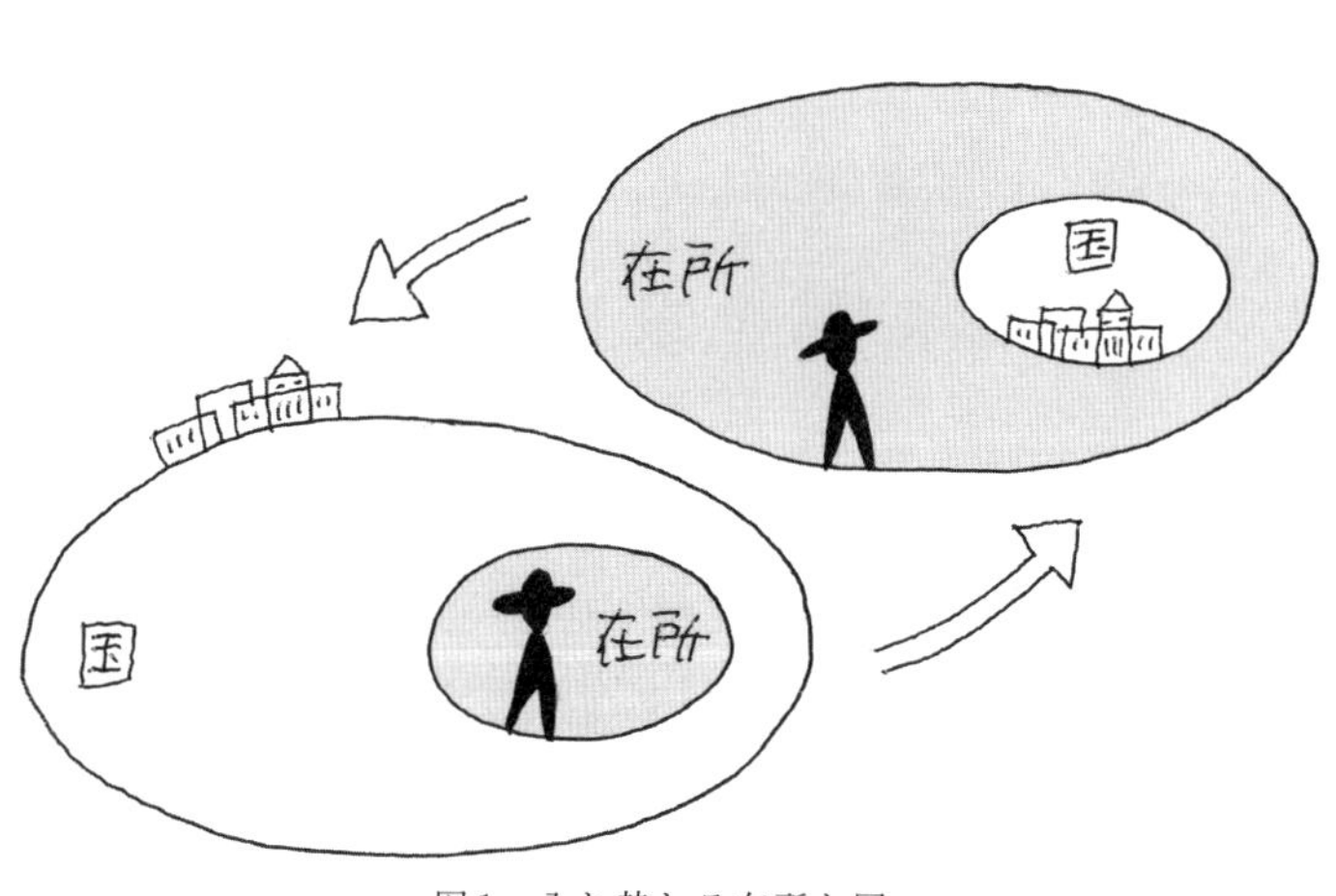

図1　入れ替わる在所と国

ない会議などに出席すると、右と左が入れ替わってしまうのです。国家の中に小さく浮いているのが在所になります。そしてこういう見方、見え方、こういう視点、まなざしのほうが「正常」だと言われ「常識」になっているのです。これは近代化された人間と社会の特徴・性格でしょう。

表1の「大」と「小」を、図1に当てはめてみると、容易に入れ替えが可能だということがわかるでしょう。これは見方（まなざし）の違いなのです。内からのまなざしで見れば「大」に見えるものが、外からのまなざしで見れば「小」に見えます。

このように同じものが二とおりに見えるようになったのが、人間が「近代化」された証拠と言えるでしょう。かつては一緒だったものを二つに分け、しかも新しく導入した（近代的な）外からのまなざしのほうを大きいもの、広いもの、普遍的なもの、価値あるものとしていったのが、近代化というものでした。

この本では、さまざまな大と小を自在に入れ替えてみようと思います。そうすると、伝統（内発的）だと思ってい

大	小
在所	国家・地球
内からのまなざし	外からのまなざし
農	農業
自給	自給率
生業（くらし）	経営
仕事（手入れ）	労働（技術）
伝統	近代化
カネにならない世界	カネになる世界
実世界	科学で捉えた世界
パトリオティズム	ナショナリズム

表1　世界観の転換

たものが、近代的（外発的）なものであることが多いこともわかるのでしょう。

「パトリオティズム（愛郷心）」の本体

この本の重要概念になる「パトリオティズム（愛郷心）」について、もう少し補足します。西洋ではパトリオティズムとナショナリズムを区別しない人も多いようですが、この本では明確に区別して用います。パトリオティズムの対象は思い出の中であろうと、現実であろうと、国民国家ではなく、かつての在所、現在の在所です。したがって「愛郷心」でもいいのですが、対比するものが「愛国心」というよりもナショナルな価値（国家の価値）を優先させる「ナショナリズム」ですから、こちらもパトリの価値（在所の価値）を優先させるパトリオティズムという横文字を用います。舌を噛みそうな言葉で申し訳ありませんが、「在所主義」「在所の思想」とでも置き替えながら読んでもらってもかまいません。

外国に出た人間にとって「祖国」日本を思い浮かべるなら、それは日本のどこかであって（百姓なら自分の村・在所に決まっています）、けっして「日本」ではないでしょう。「日本」を意識するナショナリズムは近代的な概念であり、日本国よりも先に、在所の村があったのは言うまでもありません。

そんなことは、誰でもわかっているのに、なぜパトリオティズムはナショナリズムの陰に隠れてしまうのでしょうか。パトリオティズムの本体は、一人ひとりが抱きしめていればいいもので、外に向けて表現することは希です。それを表出しようとすると、情緒的に、そして思い出ばかりになるからです。表現しなくても一向にかまわなかったのです。むしろそれを好んだのです。

しかし、パトリオティズムがナショナリズムによって、これほど蹂躙されてくると、もっと深く本格的に表現して、対抗しなくてはならないでしょう。パトリオティズムとは、私の言葉で言えば、現代社会では「消極的な価値」です。多くの政治家が口にするように、パトリオティズム（愛郷心）は「郷土を愛する心」などと言って言葉だけでは尊重されますが、すぐに積極的な価値であるナショナルな価値でかき消されてしまいます。どうしたらいいのでしょうか。

「愛郷心」とは、百姓仕事の中にある共同性に土台をおいている情念と情愛です。ここを掘り下げてみましょう。これまでの思想は、村の共同体を表面的に見てきたような気がします。「水田に注ぐ水は、川からの長い水路を掘削し保全してきた村人の共同作業によって、確保されてきた」というような表現に見られるように、村の「共同体」は主に農作業の「共同作業」に重点をおいて語られてきました。

しかし、百姓仕事はその家の田んぼの仕事であっても、個別性に閉じこもることができません。なぜなら相手の自然が開かれているからです。これを「天地有情の共同体」と名づけることにします。もちろんかつての戦前までの村では「自然（Nature）」という言葉はほとんど使われず、もっぱら「天地」と呼ばれていました。百姓にとって天地とは、生きもの（＝有情）で満ちあふれているといつも感じ、人間も含むものだったのです。

たとえば田植えをする、という行為を外から見ると、個人的な営為の一部としか見えないでしょう。でもその田植えによって、村の風景は去年までと変わらずに扉が開かれます。例年のように夏が来るのです。涼しくたおやかな風が吹くようになり、在所の人間は安堵します。田んぼでは赤とんぼや蛙が生まれて育ち、これもまた天地有情の共同体の夏を告げてくれます。

つまり天地有情の共同体の一員になりきれば、何をしても共同性を失わないのです。この共同体を破壊したり損傷したりする政策や経営や技術には厳しい目を向けるのが意識的なパトリオティズムです。そういう破壊的な政策経営や技術は村の外から近代化と資本主義を推進するためにもたらされてきたものばかりです。

パトリオティズム（愛郷心）とは「天地有情の共同体」抜きには成り立ちません。百姓は自分の田んぼを耕しているときにも、この天地有情の共同体の一員です。その百姓仕事自体が共同性を土台に成り立っているのです。ここで、あえて念を押しておきたいのは、この天地有情の共同体の主役は、百姓と自然の生きものだということです。

国民国家による国民国家のための「国民化」

国旗も国歌も国境も靖国神社も、日本の前近代の伝統ではなく、明治以降の国民国家がつくりだしたものです。これらはナショナリズムの表われだと感じられるでしょうが、以下に列挙するものについてはどうでしょうか。

農業に関しては、第一章で取り上げる「食料」、第二章で取り上げる「日本農業」「日本農学」のほかにも、米価、米の検査制度、品種改良、圃場整備、農業改良普及制度、百姓用語の言い換え、生活改良、標準小作料、野良着の追放、生きものの標準和名など、あげようと思えばいくらでもあげられますが、私から見れば、これらもまたナショナリズムの表われです。なぜならこれらは、国民国家が私たちを国民化するために考えだし、制度化し、普及させてきたものだからです。これらを通じて私たちは知らず知らずに、ナショナルな思考を身につけ、日本人になり、日本農業から発想する人間に仕立てられてきたのです。大学の農学部を出て、農業の専門家になった人間だけでなく、百姓もまた少なかれそういう「洗脳」を受けてきたのです。

ところが、いつのまにかこういう国民化は内発的なものと区別がつかなくなっています。いや区別がつかないほどに国民化されているのです。たとえば、私の村では、蟇蛙を「わくど」と言います。海岸には蛙に似た「わくど岩」があります。他の蛙は「びき」、オタマジャクシは「びっこ」と呼ばれていました。また夏に生まれる田んぼの害虫は「粉糠虫」と呼ばれていました。

ところが私は地元の子どもたちを集めた生きもの調査や、地元の小学校に授業に出かけるときには、つい「ヒキガエル」「カエル」「オタマジャクシ」「セジロウンカ」という「標準和名」を用いてしまいます。私が生物学や農学を学んだ結果、「国民化」されているからです。これは立派なナショナリズムの発現ですから、私は立派なナショナリストだと言えるでしょう。

このことを自覚していないと、ナショナリズムとは君が代や日の丸のことばかりだと考えてしまうことになります。そして無意識のナショナリズムとパトリオティズムの違いがわからなくなるのです。

経済統合による国民化

交通〔コミュニケーション〕網／土地制度／租税／貨幣・度量衡の統一／市場……植民地
＊米の検査制度・米の供出・米価決定・中央卸売市場・標準小作料・土地改良・圃場整備・生産性向上・労働時間の概念

国家統合による国民化

憲法／国民議会／〔集権的〕政府－地方自治体（県）／裁判所／警察・刑務所／軍隊（国民軍、徴兵制）／病院
＊主食・米作民族・日本農業・日本農学・農政・天皇・新嘗祭

国民統合による国民化

愛国心／戸籍・家族／学校・教会（寺社）／博物館／劇場／政党／新聞〔ジャーナリズム〕／均質化、平準化された明るく清潔な空間
＊生産組合・農会・農協・農業改良普及制度・農業委員会

文化統合による国民化

国民的なさまざまなシンボル／日本的な風景／国旗／国歌／暦／国語／文学／芸術／建築／国の歴史の編纂／地誌の編纂／洋服の普及／歩き方／あいさつ／新しい伝統の創出
＊機械化・田植え歌の追放・国による品種の育成・品種統一・生活改善・ゴミ収集・野良着の追放・講の廃止・農休日・百姓用語の言い換え・「自然」の翻訳と普及・標準和名・自家醸造の禁止

表2　国民統合と国民化

西川長夫『国民国家の射程』より、宇根が一部改変し、＊印以下は主に農業分野について加筆した

それにしても考え込んでしまいます。なぜナショナリズムはこのように血肉化され、ことあるごとに表に顔を出すのに、パトリオティズムのほうはいつも眠ったように隠れていて、ナショナリズムの厚かましさに一矢も報いられないのでしょうか。

ここで、西川長夫が『国民国家の射程』で国民統合と国民化の例をあげている表を私が一部改変し、主に農業分野について加筆したものを紹介してみましょう。

西川が、そして私が表2にあげたような事柄について国家が普及し、教育し、私たちが身につけ

た結果として、いつのまにか私たちの中にも「ナショナリズム」が形成され、私たちは「国民」になっています。これらの中には、国家から与えられたものではなく、内発的なものだと思われるものもあるでしょう。たとえば、家庭とか服装(洋服)とか労働時間とかいうものは、近代社会の進展に伴って自然に生まれたものだと感じるでしょう。しかし、その近代社会というものが明治以降の国民国家によって誕生させられ、形成され、普及されたものだということを自覚するなら、近代社会において内発的なものは、ほとんどないかもしれません。

私は「国民化」という考え方について西川から深く学びました。その結果、ナショナリズムにも意識的で強いものだけでなく、無意識のものもあることがよくわかるようになりました。ただ西川は国民化がじつにさまざまに至るところで行なわれていることにうんざりして、「非国民になりたい」と漏らしています。しかし私たち百姓は仮に非国民になっても、在所の村や田畑や天地有情の共同体から離れられないのです。つまりナショナリズムは捨てられても、パトリオティズムは捨てられないのです。

パトリオティズムが幼い日々の思い出に根ざしているものだけなら簡単ですが、現実の荒れ果てていく山河や村の田畑、天地有情の共同体への情愛に根ざしている以上、私たち百姓はパトリオティズムを捨てられないどころか、ここを根拠地として、荒れた山河を招いているものと対峙しなければならないのです。

パトリオティズムとナショナリズム

新・教育基本法の矛盾

パトリオティズムとナショナリズムの関係がじつによくわかるのが、二〇〇六年（平成十八年）に改正施行された「教育基本法」です。第二条には国民国家が大切だと思う事柄が三つ掲げられています。「生命を尊び、自然を大切にし、環境の保全に寄与する態度を養うこと。伝統と文化を尊重し、それらをはぐくんできた我が国と郷土を愛するとともに、他国を尊重し、国際社会の平和と発展に寄与する態度を養うこと」。

当時私は奇妙な感慨にとらわれたものです。(1)自然を愛する心や、(2)郷土を愛する心は、はたして教育によって育ませるものなのだろうか、と。たしかに(3)国を愛する心は、教育しなければ育たないものです。しかし、(1)(2)は成長する過程で、日々のくらしの中で自然に身につけるものではないでしょうか。自然や郷土の価値は人によって異なるでしょうし、そんなことを学校で教えられたり学んだりした経験は私にはありません。

こう言うと、「自然や郷土を愛する心を身につけ育てる力を、社会が失っているから教育するのですよ」と反論されそうです。それなら、まずは失わせた本体を突きとめて、除去するか変革すべきでしょう。しかしそれはけっしてできない相談です。なぜならその本体とは、現代社会を支えている「近代化精神」と「資本主義」だからです。つまり、この新・教育基本法は大きな矛盾の上に成り立っています。

　したがって、(1)も(2)も人間が意図的に教えられるものではないのに教えようとするなら、(3)の教え方のように国家の視点から見下ろしたものになるおそれがあります。しかし、そういう意図はうまくいかないでしょう。

　(3)は、人為的に意図的に教えるしかないものですが、その教え方が難しいのです。なぜならナショナリズムだけでは、案外内実が空疎になるからです。どうしてもパトリオティズムに頼らないといけない場面が多いのです。

　たとえば、ナショナリズムとパトリオティズムの関係を環境省が公表している「絶滅危惧種」に見てみましょう。絶滅危惧種の指定は、ナショナリズムの極致のように見えます。なぜなら鸛（こうのとり）や朱鷺（とき）のように、世界各地にいる生きものでも、日本にいなくなりそうになると指定されるからです。また、私の村では絶滅しても、他の村や他の都道府県にいるなら絶滅の危機だとはされません。あくまでも全国規模で絶滅が危惧されるような事態になってはじめて指定されます。

　しかしこの絶滅危惧種も、それが最後まで残った村の住人の情愛がなければ、守れません。鸛や朱鷺はナショナルな価値としてだけでなく、在所である兵庫県豊岡市や佐渡市の百姓や住民のパトリオティズムによって、復活に弾みがかかってきました。ナショナルな価値としての絶滅危惧種の指定は、種としての生きものを対象としていますが、その生きものへの情愛は含んでいません。ナショナルな危機は、つねに在所の危機から始まりますが、だからこそ、その種を守るためには、パトリオティズムの情愛が必要なのです。

つまり⑶国を愛する心は、⑴自然を愛する心と、⑵郷土も愛する心、つまりパトリオティズムを土台にしなければ、成り立たないのです。自然と郷土を破壊するなら、国家も成り立たないことは、確認しておきましょう。

しかしだからこそ、国家は「自然を大切にしよう」「郷土を愛そう」「伝統を尊重しよう」と言っているのでしょうか。どうもそうではないから困るのです。なぜなら私には、国家から無視され見捨てられた世界からの叫びが、日々に大きくなって聞こえてくるからです。すでに国民国家の掌中にある農業の経済価値ではなく、農の土台・本質である情念・仕事・伝統・自然で、国民国家にあらためて対峙する時代になっています。「ほんとうにそんなパトリオティズムで、国家を軌道修正させることができるのか」という疑問は湧くでしょう。それをこの本では、考え続けていきます。

国境とナショナリズム

竹島や尖閣諸島の帰属をめぐって国境がクローズアップされるとき、ナショナリズムが強く意識されます。しかしそのナショナリズムも近代国家によってつくられてきたものなのです。このことについて沖縄（琉球）と日本（ヤマト）の関係をとおして見てみましょう。

琉球国は一六〇九年（慶長十四年）に薩摩藩に侵攻され敗北し、薩摩藩の間接支配国となった揚げ句、明治維新で琉球藩となりました。ところが一八七九年（明治十二年）には明治政府の武力による「琉球処分」で王政と琉球藩は廃止され、沖縄県として日本国に組み込まれてしまったのです。さらに第二次大戦後は、アメリカに不当に占領され、三〇年ちかく日本国ではなくなっていました。その歴史のねじれは今でも払拭されていないのです。

沖縄（琉球）と日本（ヤマト）の関係を考えるときに、パトリオティズムとナショナリズムの関係が明確になります。戦後アメリカに占領され続けた沖縄では「日本国」への復帰運動が盛り上がっていました。本土にいた私たちは、日本人が異民族に支配されているという反発、つまりナショナリズムからこれを支持していましたが、当の沖縄では、日本復帰を本質的に批判していた「反復帰論」者もいたのです。ここでは新川明の『沖縄・統合と反逆』をもとに考えてみます。


「復帰」思想とは、沖縄に対する米国の施政権を日本国に「返還」させるという政治的な思潮を意味する単純な概念ではなく、沖縄人が自らすすんで国家に身を投じていくという日本国民化志向の精神史的な病理を指す言葉であり、（中略）（その）対立概念として提起される「反復帰」という言葉も、沖縄が近代国民国家・日本国に併合（一八七九年）されたあとの近現代史において顕在化する日本同化志向＝日本国民化志向という精神史の〝負〟の部分を否定し、超克する意味作用を持つ「記号」でもあった。

私たち本土で生きてきた日本人には、いつの間にか自明だと思ってしまっている沖縄の日本国への帰属について、日本への「同化」つまり「国民化」はもうひとつの琉球国のナショナリズム（現在では沖縄のパトリオティズム）の否定だととらえているのです。それは一八七九年（明治十二年）の「琉球処分」まで遡って考え直さねばならないと言うのですから、根は深いのです。このような「国民化」への違和感を抱き続ける精神がなければ、パトリオティズムは意識的なものにはならずに、ナショナリズムと対峙できないのだと気づかされるのが「反復帰論」なのです。

パトリオティズムよりもナショナリズムを優先させる「国民化」への違和感が、現在の本土の日本人にはほとんどありません。

日本国という特定の国家が発動する秩序の拘束から自由になるためには国籍を離脱、放棄するしかない。（中略）そのような個人的なレベルにおける「移籍」や「逃亡」ではなく、（反復帰論が生命力を持ち得るのは）一定の地理的な空間の中で歴史的に独自の社会を形成し、その社会空間に全生存を依拠して生きる地域の人びとが、現前の秩序と対峙しこれを超える普遍的な価値観をもって自らの生き方の選択と方向性を問う現実的な課題として引き受ける時である。

ここには見事に原初のパトリオティズムがナショナリズムに対抗するために「意識化・先鋭化」

されています。人為的で政治的な国民国家への帰属よりも、「一定の地理的な空間の中で歴史的に独自の社会を形成し、そこに全生存を依拠して生きる」人間のパトリオティズムのほうが、国民国家を超える「普遍的な価値」だと言うのです。これは、内からのまなざしと外からのまなざしの違いでもあるのです。

もちろんかつて独立国だった沖縄と、「日本国」ではなかったけれど徳川幕藩体制下で、一応の統一体制下にあった本土の村とは同列に扱えないという指摘もあるでしょう。しかし、沖縄と日本国、むら（独自の社会を形成する地域）と日本国（国民国家）が並立する構造はじつによく似ています。新川は、沖縄の人びとの内部世界における価値観の変化こそが、「新同化主義」の原因であると考えています。「この価値観の流動は経済価値で人間と社会の豊かさを計量するイデオロギーの浸透によって招来される」と。しかし「経済価値」を社会の土台と考えるような見方は、本土ではさらに猛威をふるっています。沖縄における米軍基地容認にたいする「地域振興費」の大盤振る舞いは、パトリオティズムよりも経済を優先させる政治手法として、日本国家がこれまでもふつうに行なってきたものです。

新川たちの「反復帰論」や意識的なパトリオティズムが本気で対峙しなくてはならないのは「経済」や「経済成長」や「国富」なのです。それをナショナルな価値として、最優先に位置づける国民国家と、それに「同化」されてきた国民の無意識のナショナリズムなのです。

ところで肝心の沖縄の村々や島々のパトリオティズムは琉球国のナショナリズムとどう対峙してきたのでしょうか。新川が反復帰論にたどり着いたのは、沖縄でも辺境の八重山に新聞記者として駐在していたときだったというのは、とても重要です。

そこで彼は「沖縄（那覇）から日本（東京）を視ることに関心を注ぐ〝上向きの視線〟ではなく、石垣島に足場を置きながらさらに周辺離島へと下降することで自らの生存の基盤を確かめたいと希う〝下向きの視線〟」に目覚めるのです。その結果として「みずからの文化をヤマトゥと等質同根のものとすることによって、みずからを辺境から引き上げ、対等の地位を確保しようと希求する中央志向の精神構造こそまず打ち破り変革すべきもの」と考えるようになったのです。

新川は琉球国のナショナリズムからではなく、辺境の島々のパトリオティズムから「反復帰論」を紡ぎ出したのでした。

国境の島と目の前の荒れ地と

国境の島なら、それまで見捨てられていた島でも、ナショナリズムの熱いまなざしが注がれ、国有化してでも守ろうという事態になっています。しかし、山奥の荒れ果てた村なら、誰も見向きもしないどころか、「もう離村してもらわないと公的な負担がばかになりません」「農地も山に戻せばいいでしょう」と言われています。ナショナリズムの対象から外されていくのです。

ところが面白い話があります。大正時代から昭和初期に農商務省（農林省）の幹部官僚だった石黒忠篤は将来の幹部候補生を若いうちに営林署勤務にしたのだそうです。その理由は、「最上流の一軒家が離村したら、やがてその下の三軒家も崩壊し、三軒家が崩壊したら、下流の中心集落も成り立たない。どうしたら山奥の一軒家のさらに上流にもう一軒人間を定住させられるかを現地で考えさせるため」だったそうです（『増刊現代農業　集落支援ハンドブック』梅本雅弘論文）。

彼のナショナリズムはちゃんとパトリの価値を土台にしています。しかし、現在のナショナリズムは、国境の村に注ぐまなざしを山奥の村には向けません。とても大切な何かが欠けています。それは在所からの内からのまなざしでしょう。

現代の日本人にとっては、愛郷心の対象は、「思い出の中のふるさと」の場合がほとんどでしょう。でも百姓にとっては、パトリオティズムの対象は目の前の現実です。それでも外から見ればうるわしいものです。私の村は、「加茂川」という二級河川（県の管轄）の源流から河口まで長さ四㎞の両側に広がる小さな谷間の村です。よそから来た人は「いいところですね」と言ってくれますが、内からのまなざしで見ると、あたりまえの特段すばらしくもないありふれた村です。普段はパトリオティズムなど、意識することはありません。

ところが近年になってそれを意識することが出てきました。まず、ありふれた村ですが、みかん園と田んぼが荒れ地化して、竹林が毎年広がっています。山の中へ通う人も減り、林道も消えようとしています。この風景に心を痛めるときに、この風景が醜く感じるようになります。そして普段は意識しないパトリオティズムを呼び起こすのです。「どうにかならないものか」と。

そして、グローバルな自由貿易（TPPなど）を推進する政府の態度を新聞などで知るときに、国家と在所の関係に否が応でも思いが至ります。在所が荒れてきたほんとうの原因がこれまでの「国策」（ナショナルな価値を追求してきた政治）にあることに、気づいてしまうのです。もっとも、それは「あなたたち百姓が選択した結果ですよ」「社会の流れに乗り遅れたあなたたち百姓のせいですよ」とずいぶん聞かされてきましたが、どうも違うなと、この頃になってはっきり気づくのです。

それは、どうやらこの日本という国家が、明治以降ずっとたどってきた道すじである「近代化」「資本主義化」「経済成長」「国民国家の国益追求」「社会の発展」などという路線が、根本的に在所の農という営みとは、相容れないものではなかったのかという気づきなのです。「農業は資本主義に合わない」「農業は進歩してはいけないところまで来てしまった」というような気づきなのです。

私たちも政府や農水省の政治には批判と提言をくり返してきました。たしかに採用された政策もありますが、絶対に採用されないものがあることにも気づいていました。それを一言で言うと、現代社会で価値が認められないものには、国は本気で支援しないということです。百姓が望んでいなくても、社会が望んでいるものには税金が投じられているのです。

現代の日本社会が望んでいるものを「積極的な価値」と呼びましょう。その代表は経済的な価値です。一方、現代社会がけっして馬鹿にしているわけでもないのですが、つい後回しにして、つい忘れてしまう価値を「消極的な価値」と呼ぶことにします。国策が見捨ててしまった田んぼや畑や山を、それでも手入れし続けるのは、消極的な価値の源泉である在所の世界を守るためです。それほど在所がいとおしいからです。努力にもかかわらず荒れていく田畑や山を見ると自分の体が傷つけられているように感じるのは、けっして日本国民共通の感性ではなく、農を生業としてきた人間の感性です。

しかし、この百姓の感性は、百姓だけに閉ざされてはいません。「いいところですね」と言ってくれる外来者の感性と、この生きる場でなら、つながることができるものです。そのつながるための方法は、農産物だけではありません。それをもたらす天地有情の共同体の全体です。そうです、農産物（食料）も天地（自然）のめぐみの一部です。

この天地（自然）こそが意識的で先鋭な新しいパトリオティズムの核です。これまでのナショナリズム論に欠けていたのは、天地（自然）の価値をしっかり思想化して、国家に対抗する在所の視点です。なぜならパトリ（故郷）が現実の在所にない人たちの言説が主流だったからです。そうであるならば、荒れ果てていく在所を目の当たりにしている百姓がやるしかないでしょう。

意識的で先鋭な愛郷心は、愛国心に対抗できるのか

渡辺京二は早くから「近代化」の本質を深く掘り下げて問うてきた思想家です。私の言う、意識的なパトリオティズムがはたしてナショナリズムに対抗できるのかについて、彼の著作から重要な助言を読み取ってみましょう。

渡辺は『近代の呪い』では、近代とは「民衆世界の国家と関わりない自立性を撃滅した」ものだと言い、「個人が国家（社会と言い換えてもよろしい）の管理に従属していく様相は、深まるばかりでしょう。それはみな、民衆世界の自立性を撃滅した結果なのです」と言い切っています。そして民衆世界を支える〝共同〟に言及するのです。

民衆世界の自立性というとき、それをいわゆる共同体に直結してしまうのはよろしくないと思います。共同体は成員の生存を補償するかわりに、強い規制を成員に課します。民衆の共同というのは、いわゆるムラ共同体のような社会の約束事、生きるための装置だけを意味するものではありません。民衆にとって共同体とはいまでいう滑りどめ、セーフティネットみたいなもので、そういう外的な枠組みのほかに、民衆の心性、生活習慣・伝統に根ざす共同というものがあるのだと思います。

渡辺は近代とは、前近代の領主と領民の間にあったさまざまな「中間団体」(共同体)を解体して侵食してしまったと見ています。たしかに現在でも「村」は健在ですが、江戸時代までの村にあった権限は、ほとんど国民国家や自治体に吸い上げられ、「地方」「行政区」に成り下がっています。しかし渡辺が言う「民衆の心性、生活習慣・伝統に根ざす共同」、私の言葉では「天地有情の共同体」の価値が消滅したかというと、そうでもありません。

もうひとつ渡辺は『日本近世の起源』で注目すべき視点を提示しています。江戸時代では村同士の争いでは、参加しなかった人間を村から追放したり、他所で自分の村の悪口を言えば村八分にするという「掟」は珍しくなかったと指摘した後で、

つまり村落は愛国主義の初発の温床だったのだ。石井進は中世農村の「共同体的性格の強固さ」を「いわば『村のためには死んでくれ』ということのできる団体」というふう

に表現している。この初発の愛国主義（パトリオティズム）は、やがて近代国家によって組織されるとき、「お国のためには死んでくれ」という民族主義（ナショナリズム）に転化し、同時に排外主義（エスノセントリズム）に帰結するだろう。

と警告しています。江戸時代に百姓一揆のリーダーたちが打ち首を覚悟で行動したことは、有名ですが、それは村の「掟」を守っていたからです。そして渡辺は見逃すことのできないことを言っています。

村人がそのきびしい要請を進んで受け入れたのは、むろんわが村にしか生きる場所がなかったことによる。明治二十八年（一八九五年）日清戦争のさなか、宮崎滔天は国民兵にとられてはかなわぬから外国へ逃げるかと兄に冗談口を叩き、母親の激怒を招いた。彼女は身を慄わせて「今から出て行け、見下げ果てた我子！ 百姓の子さへ名誉の戦争に行きたいと云うておるではないか。それに何ぞや戦争を見懸けて逃げる？ もう此の家に置く事は出来ぬ。出て行かねば己が死ぬ」と泣き伏した。彼女は明治愛国主義の信奉者だったのではない。彼女の中に生きていたのは、中世惣村以来の共同体的愛郷心の伝統であって、彼女にとって国とは村にほかならなかったのである。

私は渡辺の指摘を深く受けとめます。明治以降の日本の近代国家は、庶民のパトリオティズムを利用し、包み込むように成立したということです。渡辺の指摘から、今日、意識的なパトリオティズムを展開するうえでの全般的な課題と対策もまた見えてきます。私なりに整理すると、次のようになります。

(1) パトリオティズムはその共同体の内部でしか通用せず、横の連携を結べない、という課題には、排他的でなく、ゆるやかな結びつきを求めていきます。

(2) 近代の個人は、共同体の負担に耐えられないという指摘には、構成員の豊かな負担もありえることを示していく必要があります。

(3) パトリオティズムは近代国家によってナショナリズムの一部になってしまっているのではないかという疑問には、「国益」ばかりを言い立てるナショナリズムへの嫌悪が強まっていることに着目して、在所のカネにならない価値をぶつけます。

(4) もはや国家を捨てて、パトリに逃げ込むことはできないし、国家と対峙するパトリは物理的にどこにもない、という問題には、むしろ国家が廃棄しようとする在所にとどまる意義を提示します。

(5) パトリオティズムの核であるその地域固有の共同体は、近代化で骨抜きになっている、という指摘には、天地有情の共同体をさまざまな局面で復活させようとしている活動に着目します。

(6) パトリオティズムは思い出の中で花咲くもので、力を発揮することはない、という意見には、現実の眼の前の村を守って、静かにつつましく生きる生き方はけっして無力ではないと主張します。

こういう対応が全国各地でゆるやかなつながりを持てば、パトリオティズムはナショナリズムから無視されることはなくなるでしょう。「それはパトリオティズムじゃなくて、別のもので、新しい名前が必要だ」と言ってもらえればありがたいですが、とりあえずこの本では「意識的なパトリオティズム」と呼んで、その可能性を追求することにします。

本書の見取り図

まず次ページの表3によって、この本の骨格を簡単に説明しておきます。私が重視するのは、ナショナリズム（愛国心）よりもパトリオティズム（愛郷心）です。国益よりも在所の価値です。しかし「国益が減れば、地方の価値も減少する」あるいは「国の景気（経済成長）がよくなれば、田舎の経済もよくなる」というのは、先進資本主義国である日本では常識になっています。

ナショナルな価値は在所の価値と、どうつながっているのでしょうか。あるいはつながっていないのでしょうか。赤とんぼや彼岸花の風景は、ナショナルな価値でしょうか、それとも単なる在所の価値でしょうか。そういうことを考えたいのです。「日本人は赤とんぼが好きだ」と言うときは、どちらを指しているのでしょうか。

私たちはいつの間にか「日本人」になっています。この「無意識に」日本の国民だと思う「意

	積極的な価値(国家単位)	消極的な価値(在所の範囲)
意識的な(自覚的な)もの	A：意識的で強いナショナリズム(国家からの指示)＝「君が代」「日の丸」「国境」「靖国神社」	B：意識的で強いパトリオティズム(農本主義者が提案しているもの)＝「荒れ果てた村を何とかしたい」「村があってこそ、国がある」＊これをこの本では「もうひとつのナショナリズム」とも呼びます。
無意識の(無自覚の)もの	a：無意識のナショナリズム(国民化)＝「日本人」「GDP」「日本農業」「食料自給率」	b：無意識のパトリオティズム(誰にでもあるもの)＝「在所が中心」「ふるさと」「幼い日の思い出」

表3　ナショナリズムとパトリオティズムの関係

識」は、私たちが「国民化」されたからこそ身につけたものです。これを私は「無意識のナショナリズム〈a〉」と呼びます。「ガンバレ！　ニッポン」という励ましは、このことを証明しています。沖縄では、このナショナリズムも無意識では済まされなかったことは、すでに見てきました。

国民国家がナショナリズムを意図的に国民に植え付けるときに最も役立ったのは「戦争」だと言われています。日本国を外国の侵略から守るということは、在所を守ることとつながっているという実感が湧くからです。ここではパトリオティズムは容易にナショナリズムに転化していきます。靖国神社の意味はここにあります。また現在の「国境」の島々の問題も戦争に似て、否が応でもナショナリズムをかき立てます。こういう誰の心にもはっきり意識できるものを、「意識的で強いナショナリズム〈A〉」としておきます。

一方のパトリオティズムのほうは普段は意識しな

いものがほとんどです。「日本に生まれてよかった」と思うときもありますが、それは若い頃のふるさとの思い出が多いのは、ナショナリズムというよりも「無意識のパトリオティズム〈b〉」でしょう。これはナショナリズムに回収され、包含されてしまっています。

しかし、私はナショナリズムと対抗する、拮抗するものとしてのパトリオティズムを打ち立てようとしています。これが自覚的で先鋭化された「意識的で強いパトリオティズム〈B〉」というものです。その内実は、これから紹介していきますが、簡単に言っておくと、国民国家が切り捨てようとしている世界を、意識的に守ろうとする情愛と情念を思想化したものです。天地有情の共同体を支えてきた在所の人間の気概の表出です。

さらに、図2で説明を続けましょう。無意識の〈a〉と〈b〉は、案外親和的なものです。混同されることも少なくありません。「この国に生まれてよかった」「日本人同士だから、わかるだろう」「田んぼこそ日本の財産ですね」「日本人は赤とんぼが好きだ」と言うときは、〈a〉なのか、〈b〉なのかを、ほとんど区別しません。ところが、〈A〉と〈B〉は対立的な場合がほとんどです。なぜなら、〈B〉は〈A〉に対抗させるために出現するものだからです。それにもかかわらず、〈A〉を背負っている人たちは、〈B〉も〈b〉も（当然〈a〉も）自分の体の一部だと主張します。山奥に住んでいる百姓が毎日見ている風景も、そこで穫れる米も、〈A〉の「美しい国」や「国益」に含まれていると言い張るのです。これまでの百姓はこういう言説になかなか反論できませんでした。

今となっては、私たちの体の中のナショナリズムや国民国家意識は否定できません。それをどう

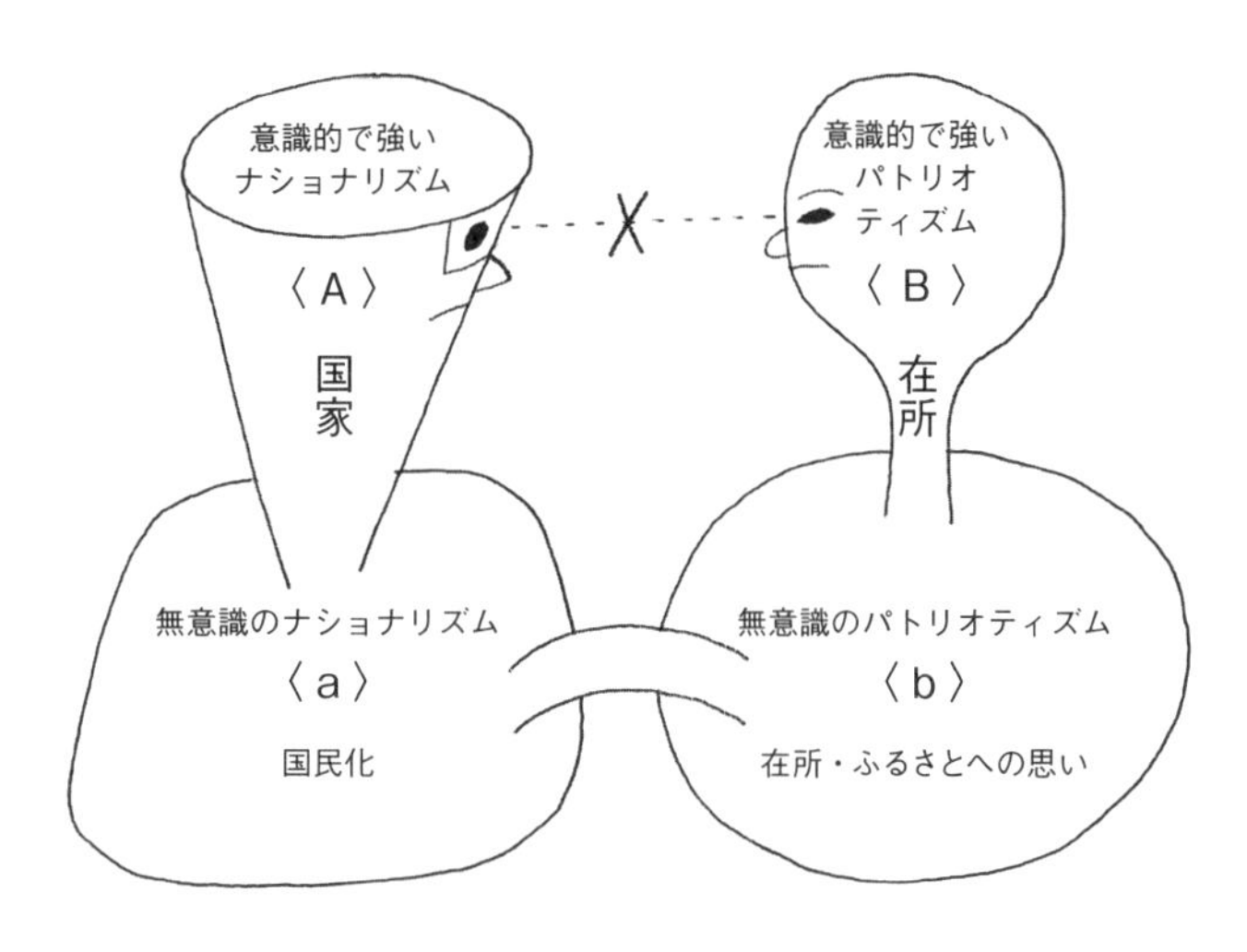

図2　ナショナリズムとパトリオティズムの結合と対立

自覚して生きていくかが問題です。それには、たかだか一五〇年の積み重ねしかないものと、もう二千年以上も蓄積がある百姓としての「天地有情の共同体」をいとおしいと思う気持ちを、対面させてみることです。この本では、それを具体的にやっていくことにします。たぶん、自分でも気づかなかったことに驚いて、思いを立て直すきっかけになるでしょう。

私の考えはナショナリズムやパトリオティズムを「右」「保守」だとし、反ナショナリズムを「左」「革新」だとするような従来の発想とは、まったく無縁だということを、あえて断っておきます。

この意識的なパトリオティズム〈B〉を根拠地として、ナショナリズムに対抗していくものが、新しい農本主義です。若い人にははじめて耳にするのが、この「農本主義」という言葉でしょう。年配の人には「農は国の本」などという文句を聞いたことのある人は多いでしょう。

現代の日本の国家は「農は国の本」などとはまったく考えていないように思えますが、そうではありません。かつては租税の大半が農地からの税金（地租）だったので（一八七七年〈明治十年〉には七〇％）、国家にとって大切だったのは言うまでもありません。しかし、現在では百姓は国民の四％にすぎませんし、農業生産はＧＤＰの一％強ですから、経済的にみるなら「農は国の本」ではありません。

それにもかかわらず、国家はパトリオティズムを土台にしていると思わせるためにも、農の価値は無視できないのです。「農は国の本である」という主張がまだ命脈を保っているのは、農の経済価値にあるのではなく、非経済価値つまりカネにならない価値にあるのです。

農本主義については、第三章から説明していきます。新しい農本主義者は「無意識のパトリオティズム〈ｂ〉」を足場にした「意識的で強いパトリオティズム〈Ｂ〉」から、過去と現代と未来を見つめていくことだけは気にとめておいてください。

「農業は国民の命の糧である食料を生産している
重要な産業である」というのは、
今日では誰も疑わない「農の価値」の表現ですが、
ほんとうにそうでしょうか。
なぜ農の価値のうち「食料」だけが突出してきたのでしょうか。
それははたしていいことだったのでしょうか。

第一章

「食料」の誕生

「国民」と「食料」

農業の新しい価値づけ

農とはどんな価値があるのだろうか、と考えなければならない時代はあまりいい時代ではありません。しかもこの場合の価値とは、誰にとっての価値かというと、国民や国家にとっての価値ということになります。なぜならば、百姓自身にとっての農とは、自分と家族の生き方そのものであり、あらためて価値を問う必要はないからです。

現代では「農業は国民の食料を生産してくれるから大切だ」という価値づけが、当然のように行なわれていますが、じつはこれは新しい考え方です。まず「国民の」という部分と、「食料」という価値が新しいのです。第五章で詳しく紹介しますが、橘孝三郎という昭和初期に活動した農本主義者がいます。彼は農の価値を社会に認めさせるためにほんとうに努力し奮闘しました。ところが彼の著作に「食料（食糧）」という言葉は、あまり出てきません。昭和初期の彼は、農の価値として「食料」だけを強調することはありませんでした。

彼の主著『農村学』から「食料（食糧）」が出てくるところを抜き出してみましょう。「人間は一日も食を離れて生存し得なかった。よって人間はその活動の主要な部分を食を得んとするために捧げておる」。これは、一般論です。

「食料（食糧）」について橘は次のようにも述べています。「食糧品生産はそれを生産する人間の生産能力に依存する。（中略）換言すれば、食糧は農業に依る」。ところがその理由は、耕地面積に規定されているのではなく、天地自然と農民の関係や社会との関係つまり農民の意欲などで、決定される、と続けて言っていますから、この文章も真っ向から食べものとしての食糧の価値を論じているのではありません。

では、彼は「食料（食糧）」以外のどこに、何に、農の価値を見ていたのでしょうか。それに近い言葉を探してみましょう。

「昭和二年には米の産額は一七億円、米は独り本邦農業生産物中の大宗たるのみではない、全商品界の大宗である。生糸の生産額は八億円、綿織物が七億円、（これに比べれば）鉄及び石炭の産額は到底米に比肩できない」と言っていますから、まだまだ昭和初期には、農産物の経済価値（国富）が「農の価値」として強かったのです。

しかし、すでに工業製品の総生産額は農業生産額を逆転して、さらに伸びつつありました。そこで、「我々は国を憂うるのあまり、いかに主要食糧品の自給力を力説高唱しようとも、事実は幻滅をもって報いている」と憤慨しています。たしかに当時は輸入米が五百万石から一千万石（七五万トン〜一五〇万トン）もありましたし、そのために国内産の米価の変動が大きかったのことも、「食糧自給」が浮上してきた原因でした。にもかかわらず増産も開墾もうまくいかなかったのは、農村を窮乏に追い込んでいく資本主義の発達と政府の無策のためです。橘が主張した「農の価値」は、もっと広く深いところに向いていました。

> 日本は農村なくして一日も存立できない事実は、あまりにも根本的であるがゆえに、人々の認識に自覚を与えざること、あたかも空気や水の必要が人々の自覚的認識に上がらないことと同じである。
>
> 人間は天地自然の恩恵を、農を本としてうけることなしに生存しえなかったのであり、未来永劫にそうであろう。

このようにかつての農本主義者は「食糧」よりも、「農村」を、そして「天地自然」との関係を重視していました。しかし、資本主義に発展に対抗するために、新しい武器が必要になっていくのです。私がこのことに気づいたのは、「食料生産こそが農業の最大の価値だ」と信じて疑わない現代人の中で、農本主義者に現われたこのわずかな変化に着目した安達生恒の論文（「農本主義論の再検討」）のおかげです。

この時期（大正から昭和初期）における農本主義の発想の特徴は、農業重視の立場が、国富増進という積極性を捨てて、国の産業の全部が商工業化すると国民は食ってゆけなくなるから農業はいぜんとして大切だ、という発想への切りかえである。国富増進産業としての農業から、国民食糧供給産業への、意義づけの転換である。（中略）このような変化は、（資本主義の発展による農業の相対的な産出額の下落と）日露戦争を境として、日本が米の輸出国から輸入国に転じてゆく事情とも即応している。

安達はよく気づいたものです。ようするに、食料供給が農業の役割だと言い始めたのは、農本主義者たちの方便だったのです。今日では日本人なら誰もが、農業の役割としてあたりまえだと思っている「常識」も新しいものだったのです。しかしはたして、この農本主義者がとった戦略は、成功したのでしょうか。別の大きなものを見捨てることにもなったのではないでしょうか。

そこで、農の価値づけの変遷をまとめてみましょう。

(1) もともと農は「生業」でしたから、重要であるかないかなど、問題にすること自体がおかしいくらいに、生きることそのものでした。これは農の価値ではなく土台です。

(2) やがて田畑から徴収される租税は権力を支えました。いや権力は租税をとることによって成立しました。

(3) 近代社会になって、農業は産業化され、生糸など輸出できる産物も増え、有力な「国富」となりました。

(4) ところが工業が勃興すると、国富としての地位はどんどん低下してしまうので、「食料生産業」だと位置づけはじめたのです（同時に兵隊の供給源としての農村という言い方もなされるようになりました）。

ところが、このような整理に収まらないものがあります。先の橘孝三郎のような、これ以外の見方もあります。

(5) 農村は人間が生きていく共同体として、国土と国家を支えています。
(6) 農とは食料だけでなく、天地自然からのめぐみをいただく営みと文化の母体です。

こういう村の内側からのとらえ方、百姓の体と心の内からのとらえ方は、時代の価値観が変わっても、滅びてはいません。

これらの(1)～(6)のすべてを見失わないようにし、取り戻していく思想こそが、私が「新しい農本主義」と名づけ、この本で披露していくものです。そしてとりわけ(5)と(6)にこそ、農の最も豊かで重要なものがあります。橘は「農は天地自然のめぐみを受けとる営みだから、商工業とは同列にしてはならない」と主張しましたが、それは国家の採用するところとはならなかったものです。

産業としての農業は、明治以降その近代化への取組みにもかかわらず、工業や商業に比べて相対的に地位低下と存在感の低下の一途をたどってきました。これを私たち国民は、社会の進歩だと感じるようになってしまっています。資本主義が発達してくると、どこの国でも必ずこうなってしまうのです。

農本主義は、こうした傾向、つまり工業・商業の台頭と農業の衰退が顕著になった明治末期から昭和初期に生まれ落ちました。「農業の役割は、国民に対する食料の供給である」という、今日では国民全体に行き渡っている思想は、農本主義者が考え出した新しい「ナショナリズム」だったと言えるでしょう。近代化に対抗するため、あるいは近代主義者を抱き込むためにも、こういうナショナリズムが必要だったのです。

ここで大切なことに気づきます。農が「生業」だった時代は、たしかに為政者から見れば、租税を取り立てる対象としては重要だったでしょうが、百姓から見れば、在所で生まれて育ち、生きて死んでいく、それ以外に何の意味づけや価値づけも不要でした。農は文字どおり農（生業）でした。それだけでよかったのです。ナショナルな価値である必要はどこにもありませんでした。

ところが農本主義者は、農を救うために「国民と国家にとって大切だ」と言い始めたのです。そう言わざるをえなくなったと自覚した最初の百姓だったからです。日本国の中で、産業としての農業の地位が低下していくなかで、工業には絶対生産できない命の糧である食料を武器にしようと考えた彼らに、罪はありません。しかし、そのように農業を国民国家の価値として位置づけることで、農業と国家の関係は大きく変貌していきます。食料供給は国家の責任となり、したがって国家は国内農業をよりいっそう保護すべきであり、量が足りなければ海外から買い付けるか、植民地を確保しそこで食料を生産していく、という道が開かれていくのです。

このために、食糧生産と兵隊の供給源以外の、農本主義者がほんとうは主張したかった農のあたりまえの価値が見えなくなっていきます。農の「カネにならない価値」が見えなくなっていくのです。そしてこの傾向は、むしろ戦後になって強くなり、農のほんとうの価値は行方不明になっていきます。

食料自給率というナショナリズム

「農業は国民に食料を供給している」というのは、新しいナショナリズムだと言いましたが、たぶん多くの人は、違和感を覚えるでしょう。「単なる価値づけの表現でしょう。なにも偉そうにナショナリズムなどと言い立てる必要はないでしょう」と反論されそうです。それでは「日本は食料自給率が低いので、もっと上げるべきだ」というのも立派なナショナリズムです、といったらどうでしょうか。誤解がないように言っておきますが、私はナショナリズムはそれなりに大切だと考えています。

「日本の食料自給率は低すぎる」と思っている人は、日本の農業や自分の食べもののことを心配している立派な「国民」であり、「愛国者（ナショナリスト）」です。そうするとこの国は愛国者で満ちあふれていることになります。なぜなら「食料自給率を上げよ」というのは、国民の圧倒的な多数意見だからです。にもかかわらず、この主張は少しも実現しないのは、どうしてでしょうか。こうしたナショナリズムには、何かが欠けているのではないでしょうか。

じつは私もそうです。私も身につけている下着や服の多くは中国産やタイ産ですし、家で使っている家電製品は日本のメーカー製であってもその多くは中国や東南アジアで生産されたものです。それなのに、食料は国産の割合をもう少し上げるべきだと言っています。もちろん私は百姓ですから、米や野菜の多くは自給しています。しかし酒の席ではほとんどの原料を輸入しているビールもつい飲んでしまいますし、ノルウェー産の鯖をうっかり買ったりします。

何かが変です。私たちは「食料自給率を上げよ」と、自分や日本人に実践を要求するのではなく、国家に要求しているのです。どうしてこういうときだけ、私たちはナショナリストになるのでしょうか。どうして自分のくらしの自給率を問うこともなく、国家の自給率を問うのでしょうか。

こう言うと多くの人はこう反発するでしょう。「私は、国民全体の食べもののことを心配しているのだ。なぜなら、私もその国民の一人なのだから、心配するのは当然ではないか」と。まったく正当な主張のように思えます。そこで、農水省も「多くの国民が、自給率を上げるように要望しています。国としても、食料自給率をもっと上げるように努めます」と言明し、食料自給率の目標を五〇%（カロリー計算）に定めています。そして、輸入に依存している麦や大豆や飼料などの国内での増産を推進しています（もっともその成果は、一向に上がっていませんが）。

どうやら混乱の原因はこの「自給率」という言葉にありそうです。「食料自給率は上げるべきだ」という主張が、無条件にナショナリズムになってしまう理由がここにあります。この「（国の）食料自給率」は、国民一人ひとりの食卓の積み重ねではありません。「食料自給率」は、国家（政府）しか発表しません。国家しか発表できない、と言うほうが正しいでしょう。これは政府が発案したアイデアであって、食卓の自給率の積み上げた数値でないことは、誰でも知っているでしょう。したがって政府が用意した国単位の土俵の上でしか、論じあえないものです。

もしこの「自給率」が食卓の集合なら、国民の役割と責任は、まず自分に向けられたでしょう。そうではないから、言葉は軽く雄弁になります。なぜなら食料自給率を上げるのは、個人の責任ではなく、国家の責任だという前提のもとで議論はなされているからです。じつは国家もそれを望んでいるように見えます。地域や食卓と切れているほうが、管理しやすいからです。

それでは、地場産があるにもかかわらず、遠く離れた産地の農産物を平気で「国産だから」だと言って購入している日本人は、ほんとうに食料の国内自給率を上げようとしているナショナリズムの持ち主なのでしょうか。私はここに大きな錯誤があるような気がします。

問題は、ナショナリズムが国民国家レベルのものだけになっていることにあるのではないでしょうか。そうすると、尖閣諸島に代表されるような領土問題と山奥の荒れ果てた村の現実は別問題になりますし、食料自給率と食卓に上がる農産物は直結しませんし、自由貿易推進と身のまわりの荒れ果てていく自然はつながりません。こうした国のレベルでのナショナリズムでは、自分の内部をのぞき込むことがなくなります。まるで他人事のように対処できます。何かが欠けているような気がしませんか。

その欠けているものとは、「もうひとつのナショナリズム」ではないかとあるときから気づきました。それは領土問題をわが村の荒れた田畑・自然、共同体のこととし、食料自給率をわが家の食卓にのぼる食べものの産地に思いをはせる感覚とつながるものです。わが村の荒れた田畑やわが家の食卓と、ナショナリズムは関係ないように見えますが、そうではない、つながっているんだと気づくことができる「もうひとつのナショナリズム〈パトリオティズム〈B〉〉」があったほうがいいでしょう。身のまわりの世界をこよなく愛おしいと思う情感が土台にあってこそ、ナショナリズムは重層的になり、国土に根を持つことができるのではないでしょうか。

「国家が、国民が」と言いたてる声高な、根無し草のナショナリズムの陰で、足元に注ぐ愛郷的な、原初のナショナリズムとも言うべき情愛〈パトリオティズム〉はどこに居場所を見つければいいのでしょうか。それは国家とは切り離された個人や地方のこととされ、ナショナリズムの表向きの土俵の上から追放されてしまっているのではないでしょうか。そこで、パトリオティズムをナショナリズムに対抗させるために豊かに表現することができるならば、出自が異なる「もうひとつのナショナリズム〈パトリオティズム〈B〉〉」に見えることもあります。この瀕死になっているパトリオティズムを救出するために、この本を書こうと思ったのです。

話を「食料自給率」に戻しましょう。麦や大豆や肉の自給率が低くなったのは、言うまでもなく輸入に依存するようになったためですが、国民が国産を食べなくなった結果でもあります。もちろんこの場合の国民には、食品産業企業も含みます。国民は、国産と外国産を天秤にかけて、外国産を選択したのです。そしてこの平気で選択する習慣は資本主義によって持ち込まれたものです。だからこそ、食料自給率は、農水省や「日本農民」の努力にもかかわらず、上昇しないのです。

この輸入品を選択するという選択は、ナショナリズムと対立的なように見えますが、そうではありません。むしろ立派なナショナリズムなのです。それは経済価値をナショナルな価値の先頭にすえた（経済的な）ナショナリズムであり、この国の指導者層がもっとも熱心に信奉しているものと同じものです。

国民は無意識に国家のGDPを押し上げる方向に選択するようになったのです。この時流の中で自分にとって、家族にとって、いいものを選択しているのです。だからこそ、自給率は上がらないのです。一方の村の田畑を愛するパトリオティズムはと言えば、影響力を失ってしまいました。なぜなら経済的なナショナリズムは、静かにパトリオティズムを切り捨ててきたからです。もう一度四八ページの表3で説明すると、「勇ましい主張は国レベルの表向きのナショナリズム〈A〉で行ない、行動は個人レベルの経済価値を優先するナショナリズム〈a〉で」という風潮は、ナショナリズムの土台となっていた「パトリオティズム〈b〉」を死に追いやっています。

現代では、たとえ国産愛好者であっても、その選択は、国産のほうが安全でおいしいからという理由が多いでしょう。パトリオティズムに根ざして、国産を選択している人は少数派でしょう。安全でおいしいものを選択するのは、これも立派なナショナリズム〈a〉です。食料自給率が四〇％か五〇％かを論じるときには、愛郷者（パトリオット）なら当然意識する自分の食卓のことは棚に上げて、愛国者（ナショナリスト）になるのはどうしてでしょうか。まるで自分が国民を代表しているような気になって、国を農水省を突き上げる愛国者になっているのです。

それほどに国民国家の概念は、確実に私たちの心に深く根を降ろしています。私たちは根っから「国民化」されてしまっているのです。私はこのこと自体は、避けることができないと思います。しかし、その国からの眺めと、自分自身からの眺めが区別されずに、国からの眺めが自分自身の眺めであるかのように錯覚している自分に気づかないとすれば、困ったものです。

　私が言いたいのは、ナショナリズムには、国からの言わば上からの眺めであるナショナリズムと、個人や家族や地域からのいわば下からの眺めであるパトリオティズムがある、ということです。この二つが、融合することはあってもいいでしょう。いや融合したからこそ、私たちは国民国家を認め、国民（ナショナリスト）になったのです。しかし、国からの眺めに主導され取り込まれると、それはとても危険なものとなります。実例をあげましょうか。

　友人の百姓の話です。彼はイチゴのほかに、一haの稲を栽培している専業農家です。ところがその一haの水田は小作に出すようにしたと言います。一haの稲作のために、機械装備するよりも、水稲は委託してイチゴに専念するほうが、経営感覚としては優れているでしょう。これは、農水省も奨めていることです。そうなったとしても、その一haは小作人が耕作するのですから、国のコメの自給率に何の変化もありません。しかし、彼の食卓の自給率は下がってしまいます。彼の家族が失うのは、米の自給だけではありません。稲を育てる喜び、祖父母の田回りの仕事、子どもが遊ぶ場、田んぼの生きものへの関心……など、数えようとすればいくらでもあげられるものを失うのです。

　つまり農家の自給精神を滅ぼす政策と、国の食料自給率を向上させる政策とが、国家のレベルでは矛盾しない、ということです。しかし、個人のレベルでは、そうではありません。国家の食料自給率を論じているかぎりは、食料とそれ以外のもろもろの自給がつながっていることが見えなくなるのです。これは食料自給率というナショナリズムが実質的な豊かさを失っていくことも意味しています。これはナショナリズムにとってもいいことではないでしょう。

しかも、このナショナリズムは国内の産地間の経済競争を容認するどころか、国産だからという免罪符を与えることで、資本主義の強化に加担し、結果として弱い産地のパトリの価値を蹂躙しているのです。このことに鈍感だからこそ、経済のグローバル化をじつは国内から準備している自分自身に気がつかないのです。

国からの眺めでは、食料自給率が四〇％か三九％かは重要な問題ですが、個人の立場からは、ほとんど意味をなさないのではないでしょうか。それなのに、同じ土俵で議論しているのは、どういうことでしょう。ここには、ナショナリズムが空洞化していく原因が見えています。

しかし、それでもまだ、「自分の自給率向上の主張は、けっしてナショナリズムから出てきたものではなく、食卓や地域を国境まで延長しているにすぎない」と言う人もいるでしょう。しかし、それも「自給率」や「国境」という尺度を使うかぎり、立派なナショナリズムなのです。念を押すようですが、日本国政府が本格的に「食料自給率の向上」を政策目標に掲げ始めたのは、二〇〇〇年（平成十二年）からですし、食料自給率の統計をとり始めたのは、一九六五年（昭和四十年）からのことです。

無意識のナショナリズム

現代では、国民国家の指導層の人間はもちろんのこと、普通の国民もまた、関心は自分の人生のこと、とりわけ「経済」のことしか考えていないように表向きは見えます。一見、愛国感情とは無縁な経済ナショナリズムの空虚さを埋め合わせるように、日の丸や君が代が国旗・国歌としてナショナリズムのシンボルに祭り上げられます。現代の日本人は、なぜいまさら、あらためて法律で、しかも国家からの上意下達で、国を愛する方法を学ばなければならないのでしょうか。

国民国家という単位が、明治時代以降の近代的な人工物だから当然だと言われればそれはそうかもしれません。しかし一方で、国家はナショナルな価値の最たるものは経済価値（GDPなど）なのだということを、これでもかこれでもかと発信してきました。GDPで表わされる国益こそが、近代国家を支えているのは事実のようです。この経済的なナショナリズムと、日の丸・君が代に代表される精神的なナショナリズムは矛盾しないのでしょうか。東日本大震災の復興に向けて「がんばろう！　日本」と言うときのナショナリズムはどちらのほうなのでしょうか。同じナショナリズムという言葉でくくれるものなのでしょうか。

「食料自給率」にこだわるのは、案外薄っぺらなナショナリズムなのかもしれません。簡単に言ってしまえば、輸入農産物が安いから自給率が下がっただけの話でしょう。その結果、GDPは増え、国力は増したようです。むしろ米だって、国産が不足していて堂々と輸入していた時代のほうが、食べものとしては大事にされていたではありませんか。食料自給率などで、ほんとうのナショナルな価値は判断できるはずはありません。

食卓の「食べもの」を語らっているときの私たちのまなざしと、「食料（食糧）」と発言するときのまなざしは異なるのです。つまり「食料」と発言したその瞬間に、国家の眼になってしまっているのです。いつのまにか、私たちは国家からの視線を身につけてしまっているのです。「食べもの」の延長に、国民国家の「食料」があるかのよう感じるのは、国民化された人間の特徴なのです。

こうした国家と、そして無意識の国民意識の結合が、地域社会と自然と農業を衰亡させることに手を貸してきたと感じるのは私だけでしょうか。経済的なナショナリズムを振りかざす人間も、経済的なナショナリズムを嫌悪する人間も、同じ土俵の上にいます。うわべのナショナリズムの土俵の上だけで、相撲をとる必要はありません。たしかに国民国家という単位をいまさら否定できないとするなら、その国民国家をいつも突き放すための、静かに意識的に天地有情の共同体の内側から眺める「もうひとつのナショナリズム」があってほしいと思います。

この私の気づきをうまく表現できないものかと考え続けていたときに、昭和初期の農本主義者に出会ったのです。彼らは「なぜ百姓はこんなに貧しいのか」と懸命に原因を突きとめようとしました。現代の百姓は、「なぜ農はこんなに衰退していくのか」と年々変化していく村の姿を見つめて思います。そして気づかざるをえないのです。農の最も大切なものが、社会の成長・進歩・発展によって、捨てられてきたことに。明治以降の日本国の近代化とは、ナショナルな価値の追求のためでしたが、そのために農は、大切なものを自らも捨てざるをえなかったのではないでしょうか。

この大切なものを農の「原理」だと位置づけるなら、農を根底から守る運動は、「農本主義」的でしかありえないと、私は感じたのです。このことは、また後で説明することにします。

パトリオティズムの衰退

現代の「日本農業」にとって最大の難題は経済のグローバル化の帰趨です。いや、そう考えてしまうところにナショナリズムの枠組みにすぐに囚われてしまう国民の性格が現われています。もっともっと大切な問題があるのに、「輸入自由化」が最大の課題であるかのように思いこんでしまう体質は、偏ったナショナリズムが招来したものでしょう。

経済のグローバル化に対して国境措置（関税など）で、つまり旧来のナショナリズムで対抗することに日本の農業団体と百姓は熱心です。しかし、現代の日本のナショナルな価値は百姓の生き方や生業としての農よりも、工業と経済に重きをおいていることは厳然たる事実です。したがって、農産物の輸入関税は徐々に下げられてきました。だからこそグローバル化に、関税ではなく、地方・地域のローカリズムで対抗しようとする運動が台頭しています。その心意気には、おおいに賛同しますが、そのローカルな価値とナショナルな価値の関係を、問い詰めておくべきです。つまり「もうひとつのナショナリズム」がないと、これまでのように地方の価値は国家の価値に取り込まれてしまうからです。

そこで「もうひとつのナショナリズム」がどこに眠っているか探してみましょう。

ひとつのたとえ話があります。ある山奥の小さな田んぼにも、涼しい風や赤とんぼや彼岸花は生まれ育っています。しかし、その田んぼには耕作者の百姓しか足を運ばないのだそうです。はたして、その田んぼの涼しい風や赤とんぼ、彼岸花にナショナルな価値、つまり「公益」があるでしょうか。こう詰問されて、農水省は返答に窮したので、「公益的機能」を「多面的機能」に言い換えたのだそうです。

なるほど、よくできたたとえ話です。しかし、私はここにナショナリズムがパトリオティズムを切り捨てる典型的なパターンを見てとります。ナショナリズムの形骸化と言ってもいいかもしれません。

まず、多面的機能であろうと公益的機能であろうと、人がこれらを〝めぐみ〟と実感するからこそ、機能として表現できるということです。それは、何人以上の国民が感じることができればナショナルな価値（「公益」）になり、何人以下ならナショナルな価値ではない（つまり「私益」にすぎない）と判断するようなものでしょうか。そういう基準を田んぼの地図の上に引くことはできません。

次に、「公益」と「私益」の関係は、そういう二項対立的なもの、仕切りで左右に分けられるものではなく、重層的なものでしょう。たとえて言えば、「公益」の土台に「私益」が横たわっているのです。いや、本来両者は一体のものだと言ったほうがいいかもしれません。つまり、ある〝めぐみ〟を、「公」というまなざしで見れば、公益になり、「私」というまなざしで見れば、私益になるというようなものかもしれません。たとえば、夏空を飛んでいる赤とんぼを「いいなあ」と思うのは「私益」であって、「これは田んぼから生まれている農業生産物である」と主張すると「公益」になります。

第三に、ところが、このように「公」と「私」を峻別する見方は、ナショナリズムから生まれたものです。もともとはこうした区別は存在しませんでした。百姓は、ただ豊かに生きるために、百姓仕事に精出しただけの話です。くり返して言うなら、すべてが「私益」であり同時に「公益」なのです。それを「公」というまなざしで、都合のいい部分だけすくいあげ、どうでもいいものとみなしたものを「私」に追いやったのが、近代的なナショナリズムだったのです。「日本の赤とんぼの九九%は、日本の田んぼで生まれています」と主張し、赤とんぼをナショナルな価値にできないことはないのに、「個人的な感懐」に追放したのが、農政や農学のナショナリズムでした。

私たちは「公益」という場合に、無意識にナショナルな価値を想定しています。公益的機能論(多面的機能論)が農産物の輸入に対する危機感から生まれ落ちたことも、それを証拠立てるでしょう。しかし、このことは「公」と「私」のまなざしを乖離させていくことにもなります。現代の「公」を支えるナショナリズムは、「私」を基盤とするパトリオティズムというもうひとつの「公(共)」を切り捨てることになっています。

この「私」に追いやれたものの中から「公」や「共」をすくい上げていくことが、いまナショナリズムに求められていると私は思います。それが私の提唱する「もうひとつのナショナリズム」なのです。

しかし残念ながら、現代のナショナリズムはパトリオティズムを軽視し続けています。パトリオティズムは消極的な価値としていよいよ「私」の領域に押し込められようとしています。こうなってくると、もはやパトリオティズムにはナショナリズムに対抗する力は残っていない、という見方にも説得力があります。ナショナリズムが生まれる前から存在してきたパトリオティズムは、ここまで落ちぶれてきたのです。だれもがすぐに口に出す「日本農業」という無意識のナショナリズム〈a〉が、「一人ひとりの生業としての農」を基盤としている無意識のパトリオティズム〈b〉を衰退させてきた原因が、ここにも顔をのぞかせています。

国民国家と農との関係

これまで述べてきたことを整理してみましょう。ナショナリズムと言うと「国」からの眺めだと思っている人が多いでしょう。「君が代」「日の丸」「国境線」がその代表であり、もう少しソフトに表現されるときは「国を愛する心」とも言われています。しかし、この場合の愛する対象としての「国」とは何でしょうか。足下の山河・田畑の荒廃に気をもみつつ暮らしている身には、遠い世界のように思われます。それは頭の中で「想像するもの」になっています。

同じような構造が、「食料自給率」議論にも見られます。これも国からの眺めである「自給率」ですから、個人の食卓や田畑の無惨さには思いは及びません。君が代や国境線のナショナリズム〈A〉には、抵抗を感じる人でも、食料自給率というナショナリズム〈a〉は全く無条件に受容しています。私は、このことが変だなと思うのです。なぜなら、国からのナショナリズムに対抗する思想がないからです。いつの間にか積極的な価値である国単位の自給率の陰に、食卓や田畑の荒廃は隠れて見えなくなっています。その見えなくなっているものの正体はパトリオティズム〈b〉であり、消極的な価値としての個人の情念に根ざしているものです。それをこのまま眠らせておくのではなく、時には積極的なナショナルな価値に対抗させることはできないのでしょうか。

日本は「国民国家」です。私たちは日本国の「国民」です。だからこそ、積極的なナショナリズムによって、消極的な価値である山奥の村や離島の赤とんぼや田んぼが死に追いやられることのないように、別のナショナリズムのふるさとを明らかにすることも、国民の役割なのです。

国家からの眺めのナショナリズムを強化したのは、近代化です。いともたやすく「農業生産を上げる」と発言するときの「農業生産」とは、ほとんどの場合が国から眺められるものであり、したがって経済的な数値で国が把握できるものです。農業の担い手不足を国が、農水省が憂慮するのは、家が守れないからではなく、村が持続できないからではなく、自然が荒れるからではなく、「国民の食料」が確保できなくなるからです。この場合の「国民の」を「国家の」と言い換えてもほとんど違和感を覚えないでしょう。そしてそこにこそ、国民国家のナショナリズムの「特徴」があるのです。ナショナリズムはいつの間にか私たちに、優劣の基準を教えてきたのです。その結果、私たちは家や村や自然よりも国益を優先させるようになったのです。

なぜ農政は「専業農家」を大事にし、「兼業農家」や「自給的農家」を馬鹿にするのでしょうか。農政は、産業としての農業を評価しているからです。なぜなら、「産業」こそが国民国家に必要とされるものだからです。その証拠に、最近の二〇年間で五〇〇万人以上も日本人が離農していますが、国家はこの事態を歓迎していることを忘れてはなりません。

しかし、百姓は生き方として農を選択しているのであって、国家のためや国民のために農業をしているのではないでしょう。かつての農本主義者は「国民・国家」のためだと位置づけることによって、農業を守ろうとしましたが、それは、ナショナリズムはパトリオティズムを大切にしてくれるだろうという期待があったからです。このことは、旧・農本主義の危険な賭けでもあったのですが、見事に裏切られてしまいます。それについては第五章で詳述します。

農を産業に、そして百姓を「農業者」に進歩させることは、この種のナショナリズムに裏打ちされていました。単に社会の発展だと思っていた人には、このことによって自分の中のナショナリズムが強化されていくという自覚はまるでなかったでしょう。これは戦後の左翼・革新にも右翼・保守にも共通したものでした。国民国家は産業をさかんにし、経済を発展させることによって、国民の幸福を追求するシステムとして支持を得てきたのですから、当然と言えば当然のことでした。こうして無意識のナショナリズム〈a〉は私たちのくらしの中に根を張ってきたのです。それはパトリオティズムをナショナリズムの母体だと思わせて、従属させたからこそ成り立ったのです。

「消極的な」農の価値

消極的な価値に支えられる人生

人間が生きていくためには、はたして積極的な価値ばかりを追い求めているのでしょうか。たしかに外からのまなざしで「あなたの年収はどれくらいですか」などと尋ねられると、そんな気持ちになることもあります。でも、そういう積極的な価値ばかりで人生が支えられているのではないことは自明でしょう。むしろ、人生の大半は消極的な価値で支えられている、というのが最近の私の発見です。現代社会で積極的な価値とは、言うまでもなく経済価値です。その極は「国富」でしょう。GDPなどと命名されている尺度で計るのもいいでしょう。それはけっして個人の所得の積み重ねではないのですが、GDPが増えないと個人の所得も増えないと思い込ませる何かがあります。このように積極的な価値は、いつの間にかナショナルな価値に連結されて、鎖につながれています。意識的なナショナリズム〈A〉が根ざしているのは、こうした積極的な価値です。

ところで、一方の消極的な価値とはどういうものでしょうか。それは畦道の彼岸花の風景や、赤とんぼの翅のきらめきや、子どもが弁当を抱えて田んぼにやってくるときのさざめきです。こうした価値・感動によって、パトリオティズム〈b〉は充填されてきたのではないでしょうか。しかしこのパトリオティズムは、いつも自分の胸の中だけに抱かれていて、外に向けて表現されたり、主張したりすることはありませんでした。そのためにいつも静かにその人の死とともに滅んできたのです。

積極的な価値ばかりが主張される時代に対抗するために、この無意識のそして消極的な価値にもとづいたパトリオティズム〈b〉を、意識的なパトリオティズム〈B〉にじっくり育てようと私は考えているのです。そのためには内からのまなざしに、外からのまなざしから絡め取られないような表現を与えなければなりません。そのためには、積極的なナショナリズム〈A〉に対抗していこうとする思想が必要です。その思想を私は「新しい農本主義」と呼び、この内からのまなざしではあるが積極的に表現されたパトリオティズムを、意識的で強いパトリオティズム〈B〉と序章で命名したのです。そしてこのパトリオティズム〈B〉はナショナリズム〈A〉と真っ向から対峙するときには、「もうひとつのナショナリズム」に見えるのです。

若い頃の私は百姓と一緒になって、減農薬稲作運動の実践と理論化に没頭していました。農業を近代化することしか眼中にない技術に対抗するために、減農薬技術にも積極的な価値を付加しようと頑張ったのです。しかし、三十九歳で新規参入で百姓になったことが大きな転機となりました。減農薬技術に限らず農業技術には決定的に不足していたものに気づいたのです。近代化技術に対抗するには、近代化の枠組みの中だけでは対抗しきれないことがわかったのです。前近代の表現されてこなかった内からのまなざしの世界である「天地自然」を抱きかかえてこそ、それができるとわかりました。

そこで、百姓仕事や百姓ぐらしが支え、生み出してきた「自然」を、外からと、内からの両方のまなざしが交差するところで思想化しようと決心しました。四十九歳で県庁の職員を辞めて、友人の百姓と一緒にＮＰＯ法人「農と自然の研究所」を設立して、この使命を達成しようと奮闘してきました。その成果は第六章で少し触れることにしますが、貧乏でしたがたおやかに生きてきました。それは天地有情の共同体に支えられていたからです。何よりも消極的な価値に支えられたのです。だからこそ、この価値の扱いに慎重にならざるをえないのです。経済価値で称揚するのには抵抗がありますし、かといって科学的に有用性を証明する手法にも違和感を覚えます。もっと、別な思想化ができないものかとずっと考えてきました。

私は、積極的な価値にうんざりしているのです。経済価値は言うまでもなく、食べものの安全性はもとより「地球環境」までも科学は積極的な価値として、利用しようとしています。有機農業すらも、もっと生産性をあげて、近代化農業に遜色のないレベルを目指すべきだという言い方に接すると、「近代化精神」は現代人の骨身にまで浸透しているのかと、暗然としてしまいます。近代化で見失い、そして実質までも失おうとしている消極的な価値を、誰が救い出すというのでしょうか。生きているうちに、私は消極的な価値を思想化したいのです。じつは、この本の最大の目的はここにあります。ほんとうに近代化は超えなければならないのです。

松井浄蓮の世界

この「消極的な価値」をよく表現しえた百姓がいました。松井浄蓮（一八九九～一九九二）は広島県に生まれ、旧制中学を卒業して国立蚕糸試験場に勤務後、家業の蚕糸業を継いでいましたが、家を出て放浪ののちに一灯園で生活し、一九四五年（昭和二十年）十一月に比叡山山麓に入植して開墾生活に入りました。松井は自分を農本主義者だと名乗ったことは一度もなかったでしょう。しかし、彼の思想は農本主義のとても大切な部分である「消極的な価値」をよくつかんでいます。とくに「百姓仕事の深い世界」からの「近代化批判」には感動します。また各地を放浪して滋賀県坂本に開墾入植した彼にもパトリオティズムがあることに注目します。以下の引用は、『飽くこともなくこの農の道』と『天運に乗託して農に生きる』からのものです。引用末尾の年数と年齢は最初に発表された『萬協』誌の掲載された年です。

百姓仕事の世界

まさに農本主義の核を表現したとも言えるのは、次の箇所ですが、普通の百姓は思ってもなかなか言わないことです。

もしも、私がこの世に生まれて農耕の道、喜び、安心というものを知らずに終わったと

したら、人生の一番大切なものを見ずに死んだことになるであろう。(一九五二年入植七年め、五十三歳)

それでは松井浄蓮にとって、「一番大切なもの」とは何だったのでしょうか。

終戦直後、自分は家内と子供六人をつれて、この比叡の山ふところへ入り、少しばかりの開墾をして新生活をはじめた。これによって、この小さい自分自身の生活の方向づけをひとつしてみようというのである。(中略)こうなってみて、かつて気づかなかった一つの拾いものをしたことを特記しなければならぬ。

それは他でもない、自然観の再認識とでもいうてみたいものである。詩人の歌った自然、宗教家の体験した自然、科学者の究明した自然、ともに美しく尊いもの、或いは真理といわれるが如きものから、我々は多くのことを教わった。ところが何ぞ計らん、その自然、大自然と自分がひとつのものであったいうことである。

自然と自分―人間が別物でないということの判りきった事実を再認識したという筆者を心ある人は笑われるかもしれぬ。しかし致し方がない。自分はいままで自然というものを無意識のうちに客体視して、それから離れ、幽霊のごとく、宙に浮いていたものであったことを正直に告白しなければならぬ。自然と自分はひとつであると、このきわめて平凡な、今更いうてみるのもおろかしきこの言葉のもつ内容が、今の人間社会に失われているとこ

ろに、何よりも第一の不幸がある。（五十三歳）

現代の日本人のほとんどは、自分は自然とは別物だと思っています。だから、食が自然とつながっていることに実感が湧かないのでしょう。どうして、松井はこのことに気づいたのでしょうか。この時期にはすでに、松井の元に教えを求めて、訪れる人が多かったようです。

お粗末な牛舎の片隅にやっと夜露を凌いでいるというこの住まいでは、雨天の日など客が重なると、時には外で傘をさして、待ってもらっているという申し訳ないこともあるが、一様に、「参考になった」とか「教わった」とか言われ、喜んでお帰り下さる。農ー、農ーと、行者の念仏の如く繰返しているこの農が、どこか、従来考えられて来ただけの農でないということを、お感じになって頂けるらしい。（五十三歳）

「従来考えられて来ただけの農」ではない農とは、一体どういうものなのでしょうか。

お前は人生のポイントを一体どこに求めているのかというお尋ねに対してですが、これは勿論先ほどから申し上げていますように、人間というものが、その衣・食・住の資の大部分を得ている農というものの中にです。ところが、それでいてです、私はこの農というものを単にその衣・食・住の資を生産するだけのものということだったら、これ程重視し粘り通しは致しますまい。

　どうもこれには、日常こうした目にみえての必要以外に、いままで人類の文明・文化史上まだ未確認の関連価値というよりも、これこそ主要価値と言いたいものが、まだ際限もなくあるようで、それがこれから歳月を経るにつれ、個人的にも社会的にも追々気づかずには居れぬものになってきましょう。

　従って、今の私はこの農というものをこうした意味をも含め如何に把握、生活してゆくかで、それぞれの民族も国家も、その将来の運命を決定する要素を多分にもっているという考え方をしています。（七十二歳）

「衣・食・住の資を生産するだけのもの」ではないと、断言し、他に未確認の「主要価値」が際限もなくある、とまで言い切っているのです。それはこれからみんなが気づかずにはいられないだろうと予言し、農の主要価値に気づくか気づかないかが、ナショナルな価値にとっても重要だと指摘しています。

　さて、その主要な価値とは何なのでしょうか。それを松井の言葉に探してみましょう。


　季に即し、機に応ずるの妙、世界の進歩を新たにする秘鍵を天与されているお互いを、あらためて感謝、刮目せねばならぬ。（五十三歳）

何というても、自分が土についてみて一番ハッキリとしたことは、おのずからなる分を教えられたことである。そうしてこの分を知り、分に安んずることによって、また無限の世界、喜びも、はじめて味わわせて貰っているということである。（五十四歳）

作物によって春夏秋冬を撰び、潜行密用、季の移り変わりに順ぜざれば全きを得難しとする、天運に乗託して生きるものの行律を知ったことである。（五十六歳）

この山に入り一鍬一鍬の日々の中で、大地が万物の生みの親、育ての母体ということをしみじみと肌で感じ、人間個々が、その生活基盤に最小限の農耕を持って、揺るぎなき大自然の中に生きるということは、あたかも幼子がその生みの親に抱かれてしっかりと、乳房を握っているが如きものである。（五十五歳）

つまり「従来考えられて来ただけの農」とは、徹頭徹尾外からの見方でみた農業だったのであり、松井の説く農とは、徹頭徹尾天地自然の、そして百姓仕事・百姓ぐらしの内から見たものです。しかも、重要なことは、それに表現を与えていることです。その表現の源は、「農」を従来からの外からの見方で「農業」と見る見方への反発と、嫌悪から生まれているところが、じつに独特で魅力的なのです。松井の生き方の根底には、強烈な近代化批判があるのですが、それがとげとげしく感じられないのは、松井の表現の方法が、内からのまなざしの深さに拠っているからなのでしょう。

何というてもその頃の御馳走―珍味は、開墾地で穫れる甘藷であって、〈灰を吹く、藷は右手に左手に〉〈薄粥の藷をさがして母は子に〉で、豆ランプのほのかな明りを頼りに、とにもかくにも、飢えさすまいと一生懸命に気を配っている姿を、何度もうしろから拝んだ。

ある時自分が、『もう少し辛抱してくれよ、必ず数年のうちには何とかなると思うから……』というのに対して、『それでも、妙なものですね。ここへ入ってから、夜、寝て、シンが休まりますから……』とボツリ、笑い顔してくれたことがあった。シンが休まる…と、自分はこのひょっと洩した女房の言葉が無限に嬉しかった。（五十三歳）

あらゆるものの再出発は、自分の食べるものは自分がつくるところからという、若しも他に向かってこれをいえば一笑に附されるであろうような素朴な考えを不動の信念とし、世事一切に眼をつぶって親子八人、自ら限定した面積―開墾地三、四反に鍬の柄を握り、ひたすらにこのことに没頭した。

ところがどうであろう、全く今迄経験したことのないものが思想を越え、理論を絶して自分の五体の中に活発に生きてきた。これを何と説明の仕様もないが、強いていうてみるなら、先ず第一に地球線上、誰にも頼らず、支えられずに生きているという実感があった。大地に胡座をかき、青天井を直接坊主頭に頂いて、国内の喧騒と世界の動揺をじっとみて

いるという快感と、それに次ぐ感懐とがある。（五十六歳）

ここには、国家や国民のための農業はありません。それは深く豊かな一人ひとりの、そして村の、自然のものとしてのいとなみなのです。

これは私としてもうまく言えなくて困るんですが、（農業の財とでも言うべきは）数量的に誰でも考えていられるであろう計理にのぼせ得る米麦その他の収穫物やこれを生み出す固定財産である田畑山野のことではなく、我々人間が宗教的に安らぎを得る方法として神に祈り念仏し、或いは座禅をする如く、鋤鍬をもって大地に立ち、或いは種を蒔き糞尿を担ぐといったその端的にして純一なる作業そのものをさしているのでありまして、これに習熟した農民農婦の無心な働きには無条件に頭が下がり、こんな美しいものは他になしとさえ感謝感激することがあります。

但しこれに打算が少しでも入っている場合は別です。これは私の僅かな経験ではありますが、まことに汲めどもつきざる味があります。

私はどのような宗教も、政治も、芸術も、またこれから文明材の名によって幾多の産業が開発され興隆をみようとも、この農村にみる端的な行の価値を忘れたものは誓って一切認めないという程の思いをしております。（七十二歳）

百姓仕事に没頭しているときは、経済のことも、国民国家のことも、自然のことも念頭にありません。しかし、日本社会はそういう働きの価値を軽んじてきたのです。松井が嫌悪した「打算」は堂々と「経営」と名乗って表通りを闊歩しています。

宗教との違い

松井は「萬世協会」を支持者と一緒に立ち上げ、機関誌『萬世』を発刊し続けました。松井は「人から、萬世協会は宗教団体ですかと聞かれることがあるが、少なくとも自分だけは、そうは思っていない」と述べています。

しかし、内からのまなざしで精神世界を語る松井の言葉は、限りなく宗教に近いように見えるのは、避けられないでしょう。前の言葉に続いて、こう語っています。

> ただ願わくば、古来の宗教家という特定の人達がこの世に念じ通してきたことを、生産の業に即しつつ果たしてみたいというのであって、人間の個々の救いを、社会的成就にまでと思ってのこと、そうしてそれには、人各々の間で交流される生活物資が、健康な人類愛の表現、手段でなければとしているもの、しかし、またこれも、今我々がはじめての思いつきではなく、従来深くものを考える人々にとっては問題にされて来たことであるが、何んと、これが土の上に立つことによって、その間違いのない手がかりがつかめたものとしているのである。（五十九歳）

宗教と救いの言葉、信念、教えなどは、紙一重です。とくに、それが他の人に語られるときには、ほとんど区別がつかないことのほうが多いのではないでしょうか。

私が松井浄蓮のことを知ったのは、稲学の大家である渡部忠世の『百年の食』を読んだからです。渡部は一九二四年（大正十三年）生まれでもう九十歳を超える方ですが、この本を読むと、この誠実な農学者の思いが、千々に乱れていることが伝わってきて痛々しいくらいです。渡部はこう言っています。「農業の役割とか、農業とは何かなどということを、あらためて問う必要のある時代とは、社会とは何なのか。食糧難であれば、決して問われることはないものだ。それは病的に工業が肥大化している富裕な社会だから、農業の役割が見えなくなっているからだ」。

渡部はこの本の中で「農業を国家の確固とした礎として考えよ」とくり返し警鐘を鳴らしていますが、農業（食料生産）をナショナルな価値として、国家の土台に据えろという主張は、立派なナショナリズムであり農本主義です。しかし、こうしたナショナリズムは、当の国家と国民から裏切られてきました。渡部はそのこともわかっています。

今日の日本では、農業のナショナルな価値は、国民経済というナショナルな価値の一部にすぎないというのが国民合意になっているようです。この現実の前で、渡部は「このままでは、わが国農業と日本文化は衰退する」と怒りと哀しみを吐露します。ここまでは、良心的な農学者によく見る論理でしょう。しかし、この道すじは袋小路になります。「日本農業」から出発するとこうなるのは目に見えています。あとは国家権力の奪取か、国民への価値観の押しつけ教育ということにしかならないでしょう。どちらもいい道ではありません。

ところが、渡部が並の学者ではないところは、もう一つの回路を用意しているところにあります。一人の百姓・宗教者と言ってもいい松井浄蓮の紹介にこの著作の三分の一以上が費やされているのはそのためです。

このような松井浄蓮の話を引用するところみると、一見渡部の主張は矛盾しているように見えます。なぜなら一方で「国家の礎としての農業」を提案し、一方でそれとは無縁であるかのような松井浄蓮という人物を紹介し、人間の生き方としての農を提出しているからです。国家のまなざしからは、けっして一人ひとりの百姓の生き方は見えないでしょう。見えたとしてもすくい上げることはできません。ところが、国民の側は国家に期待します。松井浄蓮ですら、「（農のありかたで）民族も国家も、その将来の運命を決定する」と提案してしまうのです。この国民の側からの国家への期待（幻想）があればこそ、国家からのナショナリズムは成立するのです。

「国民国家のための食料」とは、たしかに農業の重要なめぐみ（積極的な価値）ではあるのですが、そのめぐみを引き出す百姓の仕事の中の別の豊穣さ（消極的な価値）を、渡部はよくわかっています。だからこそ、学生に宮本常一の『忘れられた日本人』を貸し与え、「農業の根底のところに存在する、いってみれば自然や他の生きものと一蓮托生である心くばりが、この営みの本来の性格であることだけでも、早くに考えはじめてほしい」と言うのだそうです。

この二つの世界を架橋しようとして、渡部は懸命なのです。しかし、それは果たされていません。

今から二〇年前に、老後のことをしっかり考えもせずに、本気で農村に住む決断をしなかったことを私は後悔する。

この本の最後で渡部忠世にこうも言わせてしまうのは、もちろん松井浄蓮の生き方のせいではあるでしょうが、農の土台にある「本来の性格」つまり農の本質・原理とも言うべきものの力であることを忘れたくない、と私は思います。

去年の七月のある日、田んぼで腰を伸ばして顔を上げた瞬間、赤とんぼの群に包まれているのに気づいて嬉しかったこと、同じ年の八月のある日に畦の桑の木の下でシャツを脱いだときに濃厚な草の香りに頭がくらくらしたことは、もう遠い思い出で、記憶にはほとんど残っていません。しかし「生きてきてよかった」と言うほどではないにしろ、なかなかの感動を覚えたひとときだったような気もするのです。私たち普通の人間の人生とは、そういうものだと思います。そういう実感と実質に満たされて、私たちは日々を過ごしてきています。このような、あたりまえのありふれた経験と感動の累積こそが、人生のほとんどの時間を占めているのです。これは「消極的な価値」の代表でしょう。

パトリオティズムを生み出し、その土台に座っているのは、こうした消極的な価値です。たしかに、パトリオティズムはナショナリズムによって都合のよいように利用されてきたのですが、利用されても、利用され尽くすことはありませんでした。新しい農本主義はこうしたパトリオティズムの中から、国家による積極的なナショナリズムに対抗するものとして、新しい「土着のナショナリズム」とでも言うべきものを誕生させるのです。

「谷神は死せず」(老子)「国やぶれて山河あり」(杜甫)と言うとき、私が思うのは、積極的なナショナルな価値が滅びようとも、滅びることのない消極的な価値である谷神や山河や田畑や村や自然があったから、そういうものとのつきあいがあったから、私たちはずっと生きてこられたし、この国も復興できたのではないかということなのです。これに意識的にたおやかな表現を与える使命を請け負ったのが「もうひとつのナショナリズム」、つまり意識的で、先鋭な「パトリオティズム〈B〉」なのです。

食卓の消極的な価値

昨日今日ならともかく、数週間前の食卓の料理はもう覚えていません。百姓ぐらしで、それが今年はじめて収穫した空豆の料理であったとしても、もう記憶から失われようとしています。都会の消費者の食卓やファミリーレストランのメニューであってみれば、なおさらでしょう。それが自然な日常生活の姿であって、何の不都合もありません。

まして、その日の、いや今夜の夕食の「自給率」など、誰が意識するでしょうか。百姓ならたしかに「これはうちの畑で穫れたものだ」と意識するのは当然ですが、その場合の「自給」とは、国家の自給率とはほとんど関係がありません。概念・定義が異なるのはもちろんのこと、世界が違うからです。
国家や多くの百姓・国民は「食料自給率」を積極的な価値として、認知しているように見えます。それは、国内農業の価値を代表させ、数値化させる方法としては、なかなかのものだとは思います。なぜなら「自給率」が低いということは、国家の責務の放棄・軽視だと断罪できるからです。つまり「食料自給率」とは国家的なもので積極的な価値なのです。しかも、「食料自給率」はいざというときに自分の命を守ることができるかどうかのバロメータだという、実質はともかくとして、タテマエとしては機能しているのかもしれません。そうなると、国民にとっても積極的な価値になるでしょう。百姓たちも、国家の自給率は、国内農業が外国農業に比べてどれほどの存在価値があるか、つまりどれほど国家や国民から大切にされているかの尺度でもあると、信じ込もうとしています。

これほど実感としては「食卓の自給率」とかけ離れた、次元の違う概念でありながら、村の外で発想され、上意下達で普及されたにもかかわらず重視されるのは、それが経済価値に直結し、自分の「命」に直結する積極的な価値の尺度だという、ナショナリズムに裏打ちされているからです。それゆえに、国の自給率が、四〇%か四五%かは、重要な議論であるかのような錯覚を引き起こすのです。そして食料自給が、国家の積極的な役割として認知されるようになると、それとは逆に、個人の食料自給に含まれていたカネにならない消極的な価値が薄れていくのです。

それは食料に限りません。農業のあらゆる局面に及んでいます。身近な一例を紹介しましょう。福岡県は、熊本県に次ぐ藺草（いぐさ）の産地でした。藺草は十一月に田植えして、七月に刈り取るものですが、今では福岡県の南部の筑後地方の村を歩いても、藺草の田んぼはほとんど見かけません。たしかに国民は、安いわりに品質もよくなっている中国産の畳表を選択するようになりました。国家としても、さまざまな手を講じ、セーフガードも暫定発動しましたが、これ以上は保護できないと、判断したのでしょう。国内で藺草を栽培する価値は、もう「伝統文化」として残すしかないように見えます。

しかし、はたしてそうでしょうか。藺草栽培に消極的な価値はなかったのでしょうか。冬に水を張った田んぼで藺草が育つようになり、それに対応した生きものが育つようになったし、冬の藺草田という新しい風景も定着したところでした。最近では、冬期湛水田（ふゆみずたんぼ）が、冬鳥の越冬場所として、また地力温存法や除草法として、注目を浴びていますが、藺草田にはそれに似たまなざしを注ぐべきでした。また国民にしてみても、この国のどこかの田んぼで育った藺草の畳を敷きつめた部屋で人生を過ごすことの消極的な価値を思うことが不可能になろうとしています。たしかに、こうした消極的な価値は評価されることはなく、藺草は福岡県から、日本から消えていこうとしているのですが、この消極的な価値に誰も涙したりはしません。

藺草を、麦に置き換えてみたらどうなるでしょうか。そして、将来の稲に置き換えてみるとどうでしょうか。麦の自給率は一九五五年（昭和三十年）の四二％から一九七三年（昭和四十八年）には四％になり、現在はやや上昇して一四％です。この数値から何が見えてくるでしょうか。真冬の麦田の青々とした風景や暑さを否が応でもかき立てる麦秋の風景が減ってしまったことを思い浮かべる人は、麦の消極的な価値を知っている人です。こうした消極的な価値を動員することがなかったことを、私は反省し、悔やんでいます。積極的な価値の土俵の上だけで勝負しようとしたために、外国産の価格に負けてしまった歴史をかみしめるからです。

米だって、こうした消極的な価値を準備しておかなければならない時期に、とっくになっているのに、手遅れになろうとしています。私がことあるごとに「赤とんぼの九九%は田んぼで生まれています」という消極的な価値を叫ぶことは徒労でしょうか。そうではないと、信じています。

数日経てば忘れてしまうことかもしれませんが、食卓にのぼるごはんのふるさとは、赤とんぼのふるさとだと感じる感性を普及させたいのです。消極的な価値が意識的なパトリオティズム〈B〉に育つことを夢みるからです。

農の価値を積極的な価値だけで、議論する悪習に終止符を打ちたいものです。

経済価値だけでは国境は守れない

その年も暑い夏でした。おかげで稲刈りのときに、畦の彼岸花が邪魔でしかたがありません。田んぼに入るときに、花を踏み倒したくないからです。稲が熟れるのは早まり、一方の彼岸花の開化は遅くなったのが原因です。本来なら、彼岸花の花が終わってから畦草刈りをし、その後に稲刈りを始めます。たしかに近年の品種は早生が多くなり、稲刈りが終わった田んぼの畦の彼岸花が近所でも多くなり、さびしい思いがします。さらに悲しいのは、休耕田の伸び放題の草むらの中に見え隠れする赤い色です。その赤い色のまわりを揚羽蝶（あげはちょう）がいつも舞っていて、しばし目をとめます。

ところが先日もある人から「彼岸花にこだわっている場合じゃないでしょう。TPP問題が大詰めに来ていますよ」と忠告を受けました。このように私たちはついナショナルな価値を優先するようになっています。国全体から見下ろす視点です。

たとえば国境の島で百姓していた人が農業が成り立たなくなって引き上げ、荒れ放題になっていました。ところが誰も見向きもしなかったその島が、領海の石油資源という経済価値で見直されると、俄然ナショナルな価値に格上げされ、そこに人が生きていたときはまったく無関心だった国民までが「国土を守れ」と叫ぶようになります。

ナショナリズム（愛国心）の土台が愛郷心であるうちは安心できますが、そこで生きている人間の情愛と切れてしまうと、時代の積極的な価値（今日では経済価値）に引きずられてしまいます。したがって、国境から隔たった山間地や島々の田畑が荒れ果てていても、現代日本のナショナリズムは無関心です。

話を彼岸花に戻しましょう。彼岸花の咲き乱れる風景はナショナルな価値でしょうか。私は愛郷心を土台としたナショナルな価値（ほんとうは意識的なパトリオティズム〈B〉の母体）だと断言したいのです。日本の農業を守るということは、彼岸花を守ることと切れてはならない、と主張したいのです。いったい誰が何のために彼岸花を植えたのでしょうか。国土を美しくするためでしょうか。そんなことはないでしょう。しかし、稲と一緒に渡来したと考えられているこの異国の花の塊茎を、私たちの先祖はわざわざ手に入れて、（全国の）畦に植えてきたのです。

救荒作物として、モグラ除けとして、などという説明も成り立たないわけではありませんが、もっとも大きな動機は、この花が咲き乱れる在所の世界を「きれい」だと感じたからにちがいありません。それでなければ、こんなに国中に植えるはずがないでしょう。

彼岸花を「きれいだ」と感じる心は、きわめて個人的なものです。ことさらにパトリオティズムの一部だと言い立てる習慣はありません。それが「国中」にあるという着眼は、村の彼岸花を外から見ています。ナショナルな価値に格上げしようとする魂胆が生まれているからです。彼岸花はほんの一つの例にすぎません。百姓仕事は、生きものに対する情愛抜きには成り立たないのです。その情愛が軽視され、無視されている国土に咲くナショナリズムなんて薄っぺらだと思います。こういう私のまなざしはナショナリズムを突き放して、在所の村の内側から見ています。

島々だけが国境の村ではありません。この国のすべての村が「国境の村」だと考え、同時に辺境の国境の村もまたこの国の村だと考えることが重要です。それはほんとうは「意識的で強いパトリオティズム〈B〉」なのですが、まるでナショナリズムのように見えるものです。足下の彼岸花を訪れる揚羽蝶に目をとめ、この花の咲く在所をきれいだと感じる情愛と美意識がパトリオティズムを充填してきました。この延長にナショナリズムはあるのかどうかを、ことあるごとに問うのです。

国民国家という単位でものを考えるときにも、こうした足下からのナショナリズムに見えてしまう「意識的で強いパトリオティズム〈B〉」から出立するのです。ありふれた村で大切にできないものが、国境の村だけで大切にできるはずがありません。

私たちはいつのまにか「日本農業は…」というように
「日本の農業をめぐる情勢は…」というように
「日本農業」を論じることができるようになっています。
また同時に「今日の農政は…」という議論もできます。
それは私たちが「国民」になっているからですが、
そのために見えなくなった世界があるのではないでしょうか。

第二章

「日本農業」と「専門家」の誕生

「日本農業」の誕生

「日本農業」とわが村の農業

「日本農業」とはどこにあるのでしょうか。「一人ひとりの農業の集成が日本農業だから、この私の農業も日本農業の一部だ」と言う百姓が少なくありません。これは百姓も見事に「国民化」されてしまっているから、そう思うのです。国家からの眺めと同じところで、議論しています。ここまで国民国家の力は及んでおり、しかもそれは強制ではなく、じつに巧妙に進行してきました。わが村の農業よりも「日本農業」のことを憂えている運動ほど、その枠組みは強烈に受容されています。

日本の農政が国家の農政として開始された以上、農政を問うことは、日本農業という土俵の上でしか問えなかったのだ、という反論はもっともです。しかし、それこそ国家の思うつぼだったのです。たしかにいまだに在所の農政はありません。そもそも「農政」という発想をすること自体が、国民化された百姓の特徴です。私はこのことを悪いと言っているのではありません。でも、たまには自覚する時も必要だと言いたいのです。

在所から農政を問うやり方が、いまだに未成熟である原因がここにあります。国や都道府県や市町村の「農業計画」はあるのに、在所の人間がたてる「在所のマスタープラン（長期計画）」がどこにいってもないのは、なぜかと考えてほしいのです。

村の将来計画は「農政」というスタイルでは発想することができないものです。それは、一人ひとりの田畑と村のみんなの田畑との関係で、一人ひとりと村のみんなとの関係で、あるいは村の過去と未来との関係で、考えてきたものです。水路一本とっても、そうやって作溝され、そうやって維持され、そうやって引き継がれています。長期計画とは一人ひとりの胸の中にあるのです。ところが、農政は外から、しかも「振興計画」や「ビジョン」という表現を伴って（最近では「人・農地プラン」など）村に浸透してきます。それは村の人間も「国民」になっているという前提で、当然のような顔をしてやってくるのです。

「食料自給率」「TPP参加による被害額」「多面的機能の評価額」などは、国家が国家単位でしか計算しません。一人ひとりのくらしや経営や田畑の実体を数値で積み重ねて、村で集計され、さらにそれから日本という国家レベルに上げられて集計が行なわれることはありません。そういう計算式は存在しません。最初から国家単位の概念として、国民に提供されるのです。計算している人はそのことが、一面的だとは自覚してはいません。

かつての米価闘争を思い出せばいいでしょう。上京してくる各地の代表は、自分の要求米価の試算を持ち寄ってくるのではありません。いわば国家の役割を問うために集結したのです。国家の側の見方と国家を問う側の見方が、国家が用意した土俵の上で議論され、ぶつかったのです。

あるいは米の「反収」を思い起こせばいいでしょう。戦前の「増産表彰」や戦後の「米作日本一」表彰事業にも活用されましたが、田んぼの価値を「反収」で表現することは、農学の発明としてはよくできていたような気がします。もちろん江戸時代だって田んぼの価値を「上田」「中田」「下田」などと「反収」で表現していましたから、その延長上にあるような錯覚に陥りますが、似て非なるものです。なぜなら昭和以降は、国家単位での米の増産運動を浸透させ、その成果を計る尺度として「反収」は機能させなければならなかったからです。「反収」は国家の米の生産政策のための道具になっていたわけです。こうやって国家から「反収」を上げなければならないという責任が百姓には負わされ、それを引き受けるときに百姓は国民になっていったのです。

しかし、そうは言っても「日本農業」と言われると、百姓ならば在所の農業を思い浮かべるのです。そして「いや、私の農業が日本農業だ」と言い張りたくなるのです。そういう百姓にはこう聞いてみましょう。「それは、あなたの農業であって、日本農業ではないのではないですか」と。

多くの人が「日本農業を守る」と簡単に発言しますが、その「日本農業」の中に、はたして私の、あなたの農業は入っているのでしょうか。たぶん、江戸時代の百姓は「○○藩の農業」などとは言わなかったでしょう。そのかわりに「うちの農業」「うちの村の農業」と言ったでしょう。

象徴的に語るなら、「日本農業」には赤とんぼは含まれていませんし、彼岸花を意識した畦草刈りも入っていません。したがって「うちの農業」と「うちの村の農業」が「日本農業」に入っているように感じるようになっているのは、そういう思い込みなのです。「日本農業」と発言すると、このことに鈍感になるのです。私は「日本農業」という概念を使って語るほうが、上位にあるような認識には大きな欠陥があると思っています。これは無意識のナショナリズム〈a〉であり、このナショナリズムによって、私たちは大事な問題から目をそらされているのです。そのことに気づいてほしいのです。

「日本農業」という概念はとても有効に働いていることは事実ですが、ある種の虚妄なのです。なぜなら、「日本農業」と在所の農業の間に横たわっている大きな亀裂にほとんど気づかなくなってしまい、この両者がほんとうは別物だということを忘れてしまうからです。

だからこそ、「日本農業」も「日本農政」も成立し、力を発揮してきたのです。そこでためしに「在所のマスタープラン」を立ててみるといいでしょう。各人の胸の内を吐露してもらい、それを集約しようとするとき、国家の影響がいたるところに見えてきます。そして、どうにかして作り上げた在所の長期計画は、二つのパターンに分かれるでしょう。⑴国の政策にいち早く対応していくもの、⑵国の政策からできるだけ遠ざかって、自分たちだけでできるもの。前者をナショナリズム〈a〉、後者をパトリオティズム〈b〉と言い換えても、通用するでしょう。

「日本農業」は虚妄ではないかという問題提起を認める人でも、それは、日本が開国し外国と対峙せざるをえなくなったことによって、そして国民国家が成立した以上、説得力を持つようになったのだ、と言うでしょう。まして、今日のグローバル化の進展は、江戸末期の開国どころの話ではなく、村やわが家の農業もその荒波に洗われることになるのだから、対抗のよりどころとして「日本農業」というナショナリズムは不可欠ではないか、という言い分も間違ってはいません。

しかし、それにもかかわらず、この国家単位からの発想に問題の根は宿っているのではないでしょうか。たしかに国家の方針が「農政」というかたちで百姓のくらしに及んでおり、村の中に自治が貫徹されることはもはやないでしょう。「日出でて作り、日入りて息ふ。井を鑿ちて飲み、田を耕して食らふ。帝力何ぞ我に有らんや」（中国古代の撃壌歌）というような、政治は望べくもないのです。

明治以降、日本が工業化・産業化していくなかで、農業・農村の地位は次第に低下してきました。そのことは、租税源としての位置づけの低下や、都市への人口流出、農業・農村ばなれの風潮などにみてとれます。しかしそれでも、食料を生産し、人材を供給する農業・農村は、国にとっては守るべき存在価値があったのです。だがそれは一人ひとりの百姓ではなく、あくまでも「日本農業」という網ですくうことができる価値でしかありませんでした。その「日本農業」を守るために「農政」が整備されてきました。戦後に限って言うなら、その最大のものはやはり米価政策でした。現在でも政府は「米価」に責任を持つべきだという考え方は、根強いものがあります。

こうして百姓の側にも、自分たちの農業を「日本農業」としてとらえる習慣が形成されてきたのです。

「日本農業」でない農業の存在

早くから、村の農業と「日本農業」の違いを鋭くついていたのは、山下惣一です。多くの人たちがほとんど違和感を抱かなくなった「日本農業」に対して、嫌悪感を示した山下の感性に、若い頃の私は感服しました。

たとえば次のようなよく聞く言説があります。「日本農業の役割は、国民への食料供給である」。これに続いて「だから、国の責任で、農業改良普及制度が制定された」と続けてもいいし、「だから、日本には農業が必要だ」「だから、農協の役割は重要だ」と続けることもできます。

これに対して、山下惣一の発想は、まったく異なるところから、生まれています。『いま、米について。――農の現場から怒りの反論』より引用してみましょう。

私たち日本の百姓が守ろうとしているものは農業ではない。家とその血族の拠点である。つまり、農業問題と農家の問題は同じではない。違うのだ。このことが、わが国の農業問題を複雑にし、解決を困難にしている。しかし、逆に言えばそれだからこそ今日まで農業と農村が存続してきたとも言えるのである。(中略)

日本の農業は、北海道などのそれを目的とした開拓地は別として、もともとが、産業、職業として出発したのではない。それぞれが拠点を守る手段として存続してきた。農地は代々にわたってのその基盤である。つまり、生存の手段なのである。

ここのところをはっきりさせればいいのである。兼業農家だ何だと非難されることはない。「おおきなお世話だ」と反論すべきだろう。現代の百姓はものわかりが良すぎる。百姓はもっと頑固であるべきだ。

さらに、『農家の父より息子へ』では、見事に本質を突いています。

本当に私はまだ、日本農業というものを見たことはない。日本の風土の中でそれぞれに営まれている農業はいつも見ているし、自分でもやっているが、「これが日本農業」という実体にはお目にかかったことがない。したがって、私は日本農業を論じることはできない。それを論じている人たちは、数字を論じているにすぎないのである。

山下のこのような発言に対して「これは百姓と学者・行政担当者の違いだから、やむをえない」という指摘もあります。しかしそれは、学者や行政者のほうが国民化されている自分をもはや疑うことがなくなっている証拠です。それなら、どうして両者は分かれてしまったのか、と論じなければならないでしょう。また、山下のように百姓の本音と実感はそうであっても、なぜそれが徐々に「日本農業」という発想に浸食されていったのか、と問わなければなりません。

「私が農業をするのは、家族のためと村のためであって、国民のためではない」と山下は言い切りました。しかしだからといって、山下の農業が国民国家にとって無用に、無益になるのではないでしょう。山下は国のため、国民のためという発想の危険性を指摘しているのです。自分の生き方の存在意義を、まず国家や国民から認知してもらうのではなく、そういう認知とは無縁に家族や村が存在していてもいいのではないか、と山下は言っているのです。

もう一つよくわかる例を出しておきましょう。私は赤米の品種改良をもう二〇年ちかく続けており、二四種の品種を世に送り出しました。その母本は対馬に残っていたものです。赤米は江戸時代まで、九州では普通に作付けされていました。嵐嘉一の名著『日本赤米考』によれば、江戸中期の薩摩藩の年貢米の五〇％、佐賀藩の年貢米の三〇％が赤米で納められています（赤米を「古代米」というのは、宣伝文句としてはいいでしょうが、歴史を知らない者の言いぐさです）。その赤米も明治政府によって「追放」されていきます。そして、山奥の村や離島の村に細々と残っていたものを、戦後になって、国家は「遺伝子資源」として採集して回ったのです（現在は、つくば市の「農業生物資源研究所」に保存されています）。

なぜ、離島や山間地に残ったかというと、自給用の米だったから、国家の統制外であり、追放の権限が及ばなかったからです。そういう意味で、赤米は哀しい、そして反骨の米なのです（ちなみに私が赤米の品種改良に血眼になって、その復活をはかっているのは、コシヒカリ一辺倒になっていく品種政策への抵抗です）。つまり、赤米田は明治中期以降、「日本農業」からはずされてきたのです。そして今でも、赤米だけではなく、多くの農業が「日本農業」からはずされています。

中山間地の直接支払いをはじめ、多くの農業政策は、農業振興地域に限定されています。少なくとも農業振興地域でない田畑は「日本農業」から除外されているのです。じいちゃん・ばあちゃんのつくる自給畑、兼業百姓のつくる自家米だけの田んぼ、都市住民による家庭菜園、いずれも「日本農業」からははずされています。しかし七〇年ほど前には、国会議事堂の前でサツマイモがつくられ、すべての家庭で食べられるものをつくることが政府によって奨励されていました。どこまでが「日本農業」でどこからそうでなくなるのかは、ほとんど国の都合で決められるのです。もっとも上述したような自給のための農の担い手に、「あなたのしているのが日本農業なのです」と言えば困惑するだけでしょう。しかしそのような自給的な農が生み出すめぐみを享受するのは、その担い手だけではなく開かれていること（公的であること）もまた事実です。都会の中の小さな自給菜園にも、蝶は舞い、鳥は羽を休め、緑色の空気は漂っていて、通り過ぎる人たちは無償で楽しんでいます。

でもこれらは、たんなる国家の制度の問題でしかありません。私が言いたいのは、もっと深い違いなのです。

じつは農学者の中にも、この違いに気づいていた人たちもいました。守田志郎の『日本の農耕』から一部省略して引用します。

（農文協が出版している）『現代農業』というあれほどいい雑誌でも、農政という欄がありますね。あの「農政」という言葉なんです。あの中に出てくるのは、いろいろな考え方、あるいは農業政策に対する批判もあり、農家の人の生活に対する考え方もあります。そういうことをひっくるめて、「農政」という言葉であらわすようになってしまったのです。そうつまり、経済だとか生活という技術以外のことを考えることを、全部「農政」というようになったわけです。そういう言葉の使い方では、経済だとか生活というのがもともと国の下にあるという、つまり自分の置かれている場所というのが国の下にあるという感じになってしまうと思うのです。そういうことを、あの言葉ひとつの中でも感じるのです。ですから、「農政を論じる」という学者なんかも、いつのまにか農民の上にあるというふうな感じになり、同じ地位にいることができなくなってしまったりするわけです。

守田は、学者には珍しく、「日本農業」も「農政」も、外から村にもたらされたナショナルな概念だと気づき、百姓の国民化に追い打ちをかけていることを危惧していた人でした。現代の学者にはこういう感覚が希薄になっています。

「日本農業」の誕生とそれから見捨てられた農業

多くの人（とくに農業関係者）がすぐ「日本農業は…」という語り方をするようになったのは、そんなに古いことではありません。大勢の人たちがいる場所でのあいさつや、論文や書物の文章でよく目につく「日本農業をめぐる情勢はきびしい」という文句に接すると「やれやれ」と思うのは私だけでしょうか。「気づかないうちに洗脳されているではないか…」と思うのです。ところで、この場合の「日本農業」とは何を指すのでしょうか。じつはわかっているようで、変な言葉なのです。「日本農業」と口にしたり、書いたりする人は、ひとつの視点に凝り固まってしまっています。そこからは表面だけはよく見えるのですが、この視点に立つと不思議なことに、細部も奥行きもその広がりも見えないことを忘れてしまいます。たとえて言えば、校舎の屋上から運動場を見るようなものです。全景は見えるでしょう。運動している生徒も見えるでしょう。しかし、生徒の名前はわからないし、生徒の足元に生えている草も、その草の葉についている蟻も見えません。まして、生徒にはよく見えている友達の一人が今日は元気がないことなども、屋上からは感じることはできません。屋上から見たこの運動場を「日本農業」だとすると、この屋上という視点は、実際にはどこにあるのでしょうか。宇宙ステーションでしょうか。違うでしょう。そこからは日本全体は見えるでしょうが、日本農業だけを見ることはできません。

じつはこの「日本農業」を見渡す立脚点は、その人の頭の中にあるのです。そして日本農業を見ようとするそのときに、すでにひとつの見方にとらわれてしまうのです。まるで校舎の屋上からしか運動場を見ないように、ひとつの視点からしか見えなくなるのです。それなのに、日本農業にすべてが含まれているように錯覚してしまうのです。ほんとうはその人が語っているのは、一つの見方で見た農業なのに、自分は日本農業の全体をつかんでいるような錯覚に陥っているのです。

だからこそ、勝手にどうにでも使用できるのです。「日本農業は生産性が低い」「日本農業は規模が小さい」「日本農業は農薬の使用量が多い」「日本農業は担い手が少ない」という言い方は、平均値や多数派のことを言っているにすぎませんが、まるで日本農業の実状をつかんでいるように響きます。

これを多用するのが農林水産大臣をはじめとした農水省の人たちや政治家や農学者ばかりなら、問題はさほど深刻ではないでしょう。彼らの一面的なものの見方に気づくことができるからです。ところがこの視点は専門家はもとより、百姓にまで及んでいることが問題なのです。

この見方が横行してきたばかりに、多くのものを見落としてきたことを、そろそろ反省しないといけないでしょう。なぜ、私がこういうことにこだわるかというと、国全体から見下ろす視点の「日本農業」論が強まってしまって、百姓仕事や百姓ぐらしを内側から見るまなざしが衰えてきたからです。これこそが新しい「農本主義」の再生をはばんでいるものの正体です。

「日本農業」でないと見えないものもある

「日本農業」という視点でないと見えないものも、たしかにあるでしょう。「日本農業」を持ち出す人たちにはいくつかの特徴があります。何よりも「統計数値」を持ち出すことです。たとえば今年の日本の水稲の作付面積、麦の作付面積、大豆の作付面積や収穫高などは、小さな村の百姓である私にはわかりません。しかし彼らにはわかります。もっともそれは農水省が業務として調査している数値をいち早く利用できる立場にあるからでしょう。村の中の田んぼの面積が増えたか減ったか、それがどれくらい荒れているかは、むしろ百姓のほうがよくわかり実感していますが、国全体の集計など考えないだけです。

「日本農業」はまず日本国全体の数字から発想するのが特徴です。それに対して、百姓は村の様子を実感でとらえるところから発想します。「日本農業は危機的だ。耕作放棄地が三九万haもある」と言われれば、間違ってはいないでしょうが、それがどういう風景として村に出現していて、住人にどういう気分をもたらしていて、それによって今までいなかった生きものがどういうふうに増えてきているのか、などは実感できないでしょう。

私が手入れしている田んぼでとれた米は「日本農業」に一応入ります。なぜなら、役場からの調査用紙に、私は正直に作付面積と予想収穫高を記入して提出しているからです。この数値は農水省の統計に含まれています。しかし、わが家の田んぼでは、福岡県では絶滅寸前になっている殿様蛙がかろうじて今年も産卵していることは、国は調査しようともしないし、そもそもそれは農業生産ではないと位置づけているので、「日本農業」の一部ではありません。つまり農林水産省は、田んぼの生きものの統計数字を持っていないのです。したがって、田んぼの生きものに対する政治・政策が行なえないということになります。近年になってやっと、「生きもの指標」づくりのために、国と都道府県の農業試験研究機関は田畑の生きもの調査を行ない、膨大なデータを蓄積するようになりましたが、これを政策として展開する知恵が政治家や農水省にないことは、とても面白い現象です。

このように「日本農業」には、数字に表われたことしか含まれませんし、「日本農業」を論じている人のほとんどは、数字に表われる世界のことしか考えていません。

もう一つ「日本農業」を前面に出したがる人に共通の特徴は、すぐに「経済」的な尺度を持ち出すことです。例の常套句とも言える「日本農業をめぐる情勢は厳しい」にしても、経済的に苦しいと言っているのです。経済を持ち出す理由は、数値で把握できるからでもありますが、前に指摘したようにナショナルな価値に直結するからです。現代社会の価値として最も重要だと納得させることができるからです。「日本農業」の視点でなら「今年の天候不順の影響は約六〇〇億円です」などと平気で語ることができます。役所も被害が出ると、すぐ被害額の計算に血眼になるのは、経済的な価値で表現することがナショナルな価値表現として説得力があるからです。しかしそこには、干ばつの夏に雨がほしくて雨乞いする百姓の気持ちや、倒れた稲を効果はないとわかっていても一株一株起こしていく百姓の情愛は含まれようがないでしょう。そういう気持ちや情愛を評価し表現しようとする構造に政策も行政もなっていないからです。

気づいておかねばならないことは、「日本農業」では、ナショナルな価値の土台を見失うことです。なぜなら、「日本農業」には農業の土台を見つめるまなざしがないからです。

「日本農業」では見えないもの

このように「日本農業」という視点では見えないのは、まず数値化されていない世界です。身近で代表的な例を示しましょう。政府は、田畑の主な害虫については病害虫調査によって把握できていますが、益虫やただの虫などの生きものはわかりません。いや、言い方を間違えたようです。病害虫だって、一枚一枚の田畑の違いは「日本農業」にはわかりません。だからこそ、いくつかの調査田の数値の平均が多ければ「大発生」と判断して、すべての田畑に農薬を撒布させる指導が今でも通用しているのです。

ましてや、全国の田んぼで生まれる赤とんぼや生きものの数は、農と自然の研究所が明らかにするまでは誰も知りませんでした。これは政府が本気で調査しようと思えばできないことはなく、数値化もできないことはなかったのですが、それをしようとしなかったのは、田んぼの赤とんぼや蛙や畦草にナショナルな価値を見出そうとしなかったからです。

　これまでの「日本農業」は、そういうものに価値を見出す必要はないという思想の上に構築されているものです。私はここを問題にしたいのです。「日本農業」とは、そういうひとつのある価値観で組み立てられた見方にすぎないことをなぜ気づかないのでしょうか。そのある価値観とは、経済的でナショナルな価値としての農業であることは歴然としています。農業の中のカネにならない部分は「日本農業」に含めようともしないのです。

　たぶん農林水産省は、除草剤を撒布している田んぼの畦の面積を把握していないでしょう。畦草を手で刈るか、除草剤を撒布するかは、稲作の労働時間に大きな影響力を与えます。先年も農水省は「日本の稲作の労働時間はこの七年間に一四%も削減されました」と発表していましたが、それが畦への除草剤撒布によってもたらされこと、その結果百姓は不本意だけれども、仕方なく田んぼの風景を殺伐としたものに変えたことを悩んでいることなどは見えていないでしょう。国家の政策とそれを体現する農業技術が、日本の各地の村々の風景を確実に破壊し続けていることは、統計数字にも上がりません。そもそもそういうカネにならない世界に対する悩みや危機感は「日本農業」にはないのです。それがナショナルな価値の土台だと認識することもないのです。

　数値化できない世界はカネにならない世界です。カネにならない世界は数値化できないと言うこともできるでしょう。これは「日本農業」には含まれてはいませんが、つまりナショナルな価値ではありませんが、それぞれの田畑や百姓仕事や百姓ぐらしや、自然や百姓の人生の土台を支えているものの本体です。その典型は、百姓仕事です。けっして農業技術ではありません。あくまでも仕事です。

大雨になった夜、百姓は雨合羽を着て、懐中電灯を手にして、田んぼに急ぎます。増水した川沿いの畦道は危険です。しかし稲と田んぼが可愛いから、体が向かうのです。これは田まわりという仕事の緊急事態での姿です。干魃が続く夏に、バケツで下の川から水を汲んでかけている百姓に会うことがあります。ほとんど焼け石に水でしょう。でもそうしなくてはいられないのです。稲も田んぼも家族みたいなものだからです。これも田んぼに水を引く百姓仕事の極限の姿です。ここには、ナショナルな価値はないかもしれませんが、村と百姓のための価値が厳然としてあります。

私は、あえて田んぼでの百姓仕事の極端な例をあげましたが、普通の百姓仕事の中にも同じようなことはいっぱい含まれています。技術を評価する基準は、今日では「労働生産性」（労働時間当たりの収入）ですが、仕事を評価する尺度は、どれだけ相手に気持ちが通じたかです。その相手とはまず田んぼや稲でしょう。「田んぼも稲も日本農業に入っている」と反論する人には、「その田んぼや稲は、情愛の相手ではなく、カネを生み出す装置と機械みたいにとらえられているのではないですか」と尋ねてみたい気がします。

「日本農業」が捨てた最大のもの

「日本農業」しか考えなかった農政と農学にとらえることができなかった最大のものは、百姓の情愛だったと言っていいでしょう。田畑への情愛、村への情愛、天地自然への情愛、仕事への情愛、家族への情愛、先祖への情愛、子孫への情愛、死後の世界への情愛です。「これくらいの安い米価になれば、採算がとれなくなるから、稲作をやめる人が続出するだろう」というような議論を何十回聞いたことでしょうか。こういう人たちは、いまだに残っているカネにならない世界を守ろうとしている百姓を、現代のナショナルな価値に隷属させようとしていることに無自覚です。人生がカネだけで動くと思っているばかりでなく、そう思わせようとしています。為政者のナショナリズムとは、こういう感覚の農業政策や農学に根ざしていたのは、当然のことだったのです。

村に住んでいればすぐにわかることですが、稲作が赤字だからといってすぐにやめる人はいません。やめるのはほとんどほかの理由です。もし経済的な理由でやめるなら、自分だけでなく、村の人たちにも、自然にも大きな損失を与えます。三戸で水路を共有している田んぼなら、今まで共同で手入れしていた水路を二戸でしなくてはならなくなります。田植えをしなくなった田んぼが出現するだけで、村の風景は殺伐としたものになります。さらにそこが放棄されるなら、荒廃した風景が子どもたちの思い出に残ります。去年までその田んぼで生まれて育っていた蛙や井守や蛇やとんぼはどうして生きていったらいいのでしょうか。

そんなことをするくらいなら、そんなことになるのなら、赤字になっても、いや赤字を覚悟のうえで、ほかの稼ぎをつぎ込んでも田を作り続けていくほうがいいのです。学者の言い方を借りれば、外部経済効果がもたらされるので、総体としては赤字ではない、ということになるかもしれません。しかし、百姓はこのように合理的に判断して、耕作を続けているのではありません。それは「田んぼへの情愛」「百姓しながら生きていく生き甲斐」などと表現すべきものなのです。百姓はまだまだ資本主義の外に片足は出しているのです。

こうした一人ひとりの百姓に情愛に支えられて、一つひとつの田畑や村は続いてきました。そのことが「日本農業」では見えない農の本体であって、けっして「日本農業」という実体があるのではないのです。しかし、それでも日本農業とはそういう一人ひとりの一つひとつの積み重ねた合計だと言い張る人がまだいるでしょう。それなら、日本農業はなぜこの情念を救えないのかと問い詰められることを覚悟しなくてはなりません。

それでも「この二〇年間に農家数が一三〇万戸、四〇〇万人も減ったのは、農水省が経済性の劣る農家はやめるようにしてきた政策の成果ではないですか」と言う人もいます。国家のナショナリズムに愛想を尽かして、パトリオティズムすら捨てざるをえなかった百姓も少なくなかったはずですが、それを「成果」と言う感覚こそが、冷たいナショナリズムの典型です。ナショナルな価値を支える「日本農業」という共同幻想ではなく、村の中で田んぼを荒らすまいとして耕し続ける百姓の情念を表現する思想がないから、こういう無礼な言葉に悔し涙を流さなくてはならないのです。

危険なパトリオティズム

一人の百姓がいますが、その百姓の生産した農産物は、すべて外国へ輸出されているとしましょう。「国民への食料供給」とは無縁の農業です。さて、彼の百姓としての存在にはどんな意味があるのでしょうか。

「外貨を稼いで、国家や村の経済に寄与している」と言う人がこの国の指導層には多いことは認めます。積極的なナショナリズムで支持しようとしているのです。しかしそれなら、工業でもかまわないでしょう。国をはじめとして、地方レベルでも中国の富裕層に向けた農産物輸出を振興している県は少なくありませんが、私は、中国の金持ちへの農産物輸出に、国民の税金までつぎ込むことを許したくありません。かつてのアジア主義者なら、中国の貧しい人たちと連帯して、こうした農家には抗議に押しかけたにちがいありません。経済に依拠し、支えられた積極的なナショナリズムは、やがて中国庶民のパトリオティズムと対立することになるでしょう。

しかし、それにもかかわらず、こういう輸出専門の農家がその村で生きている意味と価値は、確実にあるのです。それはこういう農家でも、カネにならない価値を生み出しているからです。自国民向けの食料生産ではない彼の田畑でも、赤とんぼや揚羽蝶(あげはちょう)が生まれ、涼しい風が吹いているでしょう。つまりナショナルな価値の土台に、この百姓を支える自然と村があり、パトリオティズムがあるのです。

しかし、これはナショナリズムに囲い込まれた危険なパトリオティズム〈b〉です。なぜなら、積極的なナショナリズム〈A〉と同様、中国庶民のパトリオティズム〈b〉と対立することに無神経になっていくからです。中国で再革命が起きないからいいようなものですが、こういう姿勢は両国民のナショナリズム〈A〉での対立を意識的なパトリオティズム〈B〉で乗り越える道を閉ざしてしまいます。それは両国の百姓同士の共感と共苦の世界から遠く隔たってしまうものです。

たとえば先日読んだ全国紙の社説では、中国などの富裕層への農産物の「輸出拡大」を持ち上げていました。ＴＰＰが妥結するなら、さらに輸出を増やせるとエールを送っています。これこそ、ナショナルな価値を経済に収斂させようとする醜いナショナリズムの典型で読むに堪えませんでした。どんな国でもいいのですが、自国の金持ち層が自国の農産物を拒否し、外国の農産物を品質がいいからといって輸入して購入するなら、その国の百姓は金持ち層に憎しみを抱くでしょう。同じ国民という気持ちにはなれないでしょう。そして、その国の百姓の憎しみは、輸出している国の百姓にも向けられるでしょう。日本の百姓は、日本に米を輸出してくる国の百姓と連帯できるでしょうか。

農産物の輸出拡大は日本国内の「食料自給率を上げる」ことになるそうです。そんな馬鹿なことを全国紙は書いています。経済で計算すれば、国家単位の出入りで計算すればそうなるでしょうが、そういう計算は国民の食卓とは何の関係もありません。いわば外国の金持ちのための農地が日本にあり、そこに税金が投入されていることを持ち上げるのは、醜悪であり、腹立たしいと思うほうがまともな感性ではないでしょうか。

かつて清朝の圧政から中国人民を解放するための革命を支援しようとして、少なくない日本人が海を渡りました。孫文などの革命家を日本でかくまったこともありました。その日本が中国の百姓から安く農産物や農産加工品を買いあさり、日本からは高い農産物を富裕層に売りつけています。何が変わったのでしょうか。

日本でもこういう生産はさびしい事態を招くことになるでしょう。自然のめぐみが行方不明になり、自然と人間の間を往還することが不可能になります。それを食べる食卓に、村の風が吹かなくなり、日本の田畑の風だって海を越えてどこに行くのか不安になるでしょう。

「いやいや、経済というのは国境なんて軽々と飛び越えるものなんだ。九州からみれば北海道よりも上海が近いよ」という言い分が説得力を持ってきていることは知っていますが、こういう産地間競争を海外まで延長させようとする思考こそが、経済の軍門に下っている証拠です。その経済的なナショナリズムにしても、やがて中国でも過剰投資のバブルがはじけるというのが一般的な見方ですから、やがて崩壊するでしょう。

農業の「専門家」の誕生

農業の専門家とは誰か

これまで述べてきた「日本農業」は、じつは「日本農学」によって支えられてきました。このことの是非を考えてみましょう。これも山下惣一の気づきから話を始めましょう。彼はもうずいぶん前から、農業の世界では、なぜ百姓は「専門家」ではないのか、なぜ専門家とは「指導者」なのか、という根源的な疑問を発していました。

私の答えはこうです。百姓を国民化し、農業を近代化するためには、百姓の内発的な進歩を待ってはいられない、近代化思想と近代化技術を身につけた「専門家」によらねばならない、とこの国の指導層が決断したからです。

したがって、「専門家」は村の中からではなく、ことごとく外部で誕生しました。仮に農村出身者であっても、外部の教育機関で育成されました。明治以降の農業の教育機関は農業を近代化するための人材の養成機関だったのです。このように「専門家」とは、普通の人間が手の届かない近代化技術を使いこなすことができるように指導する「指導者」であり、同時に近代的な国民国家を支えるための住民を教化、つまり「国民化」するために誕生させられました。これは今日でもまったく変化はありません。

農薬を例にしてみましょう。ある農薬を撒布したとき、どうして虫や菌が死ぬのかは人間の五感では実感できませんから、そのことを説明できる人たちは存在価値があると言えるでしょう。いや説明が逆転しています。百姓が経験でつかめない世界を説明する専門家の「指導」があったからこそ、近代化技術は農村に浸透したのです。

しかしなぜ五感で実感することができない農薬を使用してまで、効率を上げなければならなかったのでしょうか。そのような根本的な疑問を百姓に抱かせないように、いかにも百姓の内発的な要請で農薬が誕生し普及されているように思わせるのが「国民化」の威力だったのです。そしてそれをしっかり支えてきたのが「日本農学」でした。

「学」が持っている基本的な性質

百姓なら、百姓仕事の最中に「農学」などを意識することはないでしょう。せっかく仕事に、自然に没入しているのに、興ざめなことだと感じるだけです。しかし、それが農業の「専門家」であるならば、仕事の最中に「日本農学」を意識しないなら、「専門家」としては失格です。

本来、学などとは無縁だった百姓の世界に「日本農業」と「学」(科学・理論・解釈・外からの表現）を持ち込んだのは、「専門家」でした。これが近代社会の特徴です。いや、農業技術や農業経営は持ち込んだが、「学」は持ち込んだりしていない、と言う人は、学をとらえ損なっています。学（科学）を後ろ盾にしていない農業技術や農業経営などは、絶対にありえません。

それでは農業の「学」の担い手とは誰でしょうか。当然ながら百姓ではありません。これも「専門家」です。「農学」とは、百姓を指導する「専門家」を育て支えるために、近代国家の要請で生まれた学ですから、当然のことです。日本農学はナショナリズムと切り離せないと主張する理由がここにあります。

瀬戸口明久の『害虫の誕生』はとても面白い本でした。何と「害虫」という言葉（概念）は江戸時代にはなかったそうです。私もびっくりして調べると、たしかに江戸時代の「農書」には害虫はほとんど出てこないで単に「虫」と表記されています。ところが現代語訳するときに農学者は「害虫」と訳しているのです。有名な大蔵永常の『除蝗録（じょこうろく）』に記載されている鯨油によるウンカの駆除は現代の「防除」と同じ精神ではありません。なぜなら注油法によるウンカの駆除を行ないながらも、同じ村で松明（たいまつ）を灯してウンカを隣村に追いやるというような効果のない昔ながらの「虫追い」の行事もちゃんと行なわれていたからです。

つまり近代化される前の百姓は天地のめぐみも天災もともに引き受けてきたのです。害虫だけを排除する習慣はありませんでした。ところが、明治時代になって、農学者によって、害虫という概念と防除という思想が村に持ち込まれました。しかしこの考え方はなかなか普及しなかったそうです。外から生まれた「学」を普及するということはこういうことなんだな、と実感させるエピソードです。現代の日本人はこうした外からの学の侵入に無防備になっています。

「専門家」と「学」は、国民国家によって、近代化を推進するために形成されてきたものですが、この近代化とは、欧米からもたらされた一種の「革命」です。ところが日本人には近代化を根本から問う姿勢が希薄です。当初からそれはいいものだ、つまり進歩・発展だとして受容され続けてきたからです。とくに農業では、近代化は遅れて始まりましたので、いまだに近代化は進行中であり、立ち止まって考える余裕もないような気にもなるでしょう。

現在のこの国の農の危機とは、近代化（構造改革・農業改革）が進まないことに原因があるのでしょうか。それとも近代化してはならない世界まで近代化したから、その弊害がでてきたのでしょうか。成長産業としての農業を求める人たちは、前者だと言うでしょう。村の中で百姓していると、実感としては後者です。

ところで「農」と「農業」はどう違うのでしょうか。「仕事」と「労働」はどう違うのでしょうか。あるいは「手入れ」と「技術」はどう違うのでしょうか。どれも前者は後者を包含して広い概念です。しかも後者は近代化思想と「農学」によって、新たに価値づけられたものです。農の「専門家」が対象とする世界は、ほとんどが後者です。これは二六ページの図1と二七ページの表1に入れてみればイメージが湧いてきます。

じつは「日本農学」が苦手としているのが、自らを誕生させたこの近代化を問うことです。また近代化論は百姓にとっても、とても大切です。なぜなら、農が他産業と本質的に異なる根拠が見えてこないと、近代化論が成り立たないからです。「農には他産業にはない、とても大切な特別の価値がある」という農本主義の主張は、「農には近代化してはならないものがある」という百姓の実感が土台になっています。それは何なのか、どうしてそういうものがあるのかを解明してこそ、これからの「新しい農学」の責任は果たせるというものです。ここにこそ、農学が国民国家の学を超えていく道も用意されています。

内からのまなざしの学

ここで重要なことを一つ付け加えなくてはなりません。これからは「専門家」とは百姓であってもいいということです。それは百姓も高学歴になってきたからという理由ではありません。近代化を進めるだけが「学」の目的ではなくなってきていますから、近代化を進める人間だけが「専門家」である必要はないのです。これだけ科学技術が進歩した現代でも、百姓のほうがよっぽど研究者よりもくわしい場合が少なくないのは、先に指摘したように農とは近代化されない世界をいっぱい抱え込んでいるからです。

これからはむしろ反近代の可能性を探し求める「専門家」が生まれてくるでしょう。それなら「専門家」とはむしろ村の内側からも形成されていくのではないでしょうか。山下惣一は中学校しか出ていませんが、その見識は学者の比でありません。彼は近代化に期待をかけながらも、つねに裏切られた経験をしっかり背負いながら、既成の「専門家」には見えない世界を表現しようとしてきました。彼の「農民文学」が輝いている理由がここにあります。これまでの「学」や「専門家」

にとっては、手に追えない世界は、「学」の「空白」です。

たぶん山下惣一が書いたものは、誰も「学」とは思っていないでしょう。それは小説であり、評論であり、エッセイだと思っているでしょう。それは既成の学のスタイルに毒されているからです。学の表現とは、一定の書式を整えた「学術論文」の形をとる必要はまったくありません。山下の著作は、新しい「学」の表現です。

これからの「学」が村からも生まれるとするなら、それは「外からのまなざし」の大きな空白部分を「内からのまなざし」で埋めることだと思います。村の中で、この作業を行なう「専門家」が必要とされるようになっているのです。

たとえば現在、百姓や環境団体や役所、農協の中から、田んぼや畦や水路の「生きもの調査」の専門家が懸命に育とうとしています。それは誰がなってもいいのです。これまでの農学が「生産」とは無縁のものだとして追放した世界を、農のめぐみとして価値づけようとする百姓は、新しい思想と技術の「専門家」です。彼らの考えは表現されるときに立派な「学」として認知されるでしょう。

しかしながら、既成の農学や農政、そして各種の農業機関・団体の大勢は脱皮に手間取っています。いや脱皮する必要性が見えていない人のほうが多いから困りものです。

百姓学の方法

私が提唱している「百姓学」とは、まさにこういう「新しい農学」を構想する動きと連動するものです。内からのまなざしと外からのまなざしの交わるところで、農を記述し直そうという壮大な構想の学なのです。もっともその相当部分は山下惣一などの先駆者によって、実現されています。

そこで次ページの表を説明しましょう。百姓が暮らしている在所では、内からのまなざしが主流ですが、外からのまなざしが一方的に村に降りてくることはしょっちゅうあります。そこで、両者が出会い、交わらないと一方通行になり、外からのまなざしだけが力を発揮することになります。

まず両者は基本的には「対立」するものです。しかしそれが出会う場が設けられるなら、互いの考えを尊重したり、一方が取り下げたり、妥協したり、さらに対立を乗り越えてもう一歩高い地点に昇ることもできるでしょう。

たとえば、ＩＰＭ（総合防除）にもとづいて、背白ウンカの要防除密度という判断基準が試験研究機関で決定されて村に降ろされてきても、そういう基準は百姓自らが決めるべきだとして、虫見板を使って試行錯誤するうちに、「夏ウンカ（背白ウンカ）は肥やしになる」という先人の百姓の経験と出会うならば、背白ウンカには「要防除密度」は不要だという百姓の伝統的な実感を再認識することができます。そしてＩＰＭもやっと百姓の血肉になり、上意下達の枠から抜け出て、自在なものになるというものです。しかし要防除密度という考え方が無効になるわけではありません。そ

分類	内からのまなざし	両者が出会うところ	外からのまなざし
世界観	天地	生きている場	自然
生き方	生業（農）	生きにくいと感じるとき	産業
方法	経験	百姓学	科学
情感	天地有情	生きものと目を交わすとき	自然保護・生物多様性
表現	経験知、臨床の知	表現したくなったとき	学知
営み	仕事	時を感じるとき	労働
行為	手入れ・仕事	専門家が出てくるとき	技術
認識	名前を呼ぶ	生きもの調査	全種リスト
生産	自然のめぐみ（できる・とれる）	仕事の合間に一服するとき	農業生産（つくる）
関係	はかどる（関係性）	夕暮れ時	生産性向上（効率）
習得	身につける	子どもに伝えたくなるとき	教育する
指導	自立、自発	普及活動	指導、誘導、育成
自給	くらし（自給）	自然を思うとき	自給率
流れ	安定	欲望が邪魔になるとき	成長
IPM	虫への情愛	虫見板	害虫防除
国民国家	愛郷心・家族愛	在所が荒れていくとき	愛国心・農業政策
国境	在所	ナショナルな価値	国境

表4　内からのまなざしと外からのまなざしの出会うところ

こで「背白ウンカの幼虫は、一株に五〇匹いても大丈夫だ」という百姓の自覚（自分なりの基準）になって、村の中で共有できるようになるのです。

このように「経験知」（臨床の知）も表現しようとするときに、外からのまなざしを参考にしたほうがいい場合が多いでしょう。なぜなら外からのまなざしのほうが表現方法を豊かにする学に支えられているからです。ここで大事なことは、一方の外からの見方、方法だけに依存しすぎないことです。とかくそうなりがちなのは、現代社会の特徴ですから、心しておかなければなりません。

たとえば、生きものの名前を調べようとするとき、標準和名だけなら、在所のまなざしが死んでいきます。「ウスバキトンボは東南アジアから飛来する」と言ったって、西日本の百姓のほとんどはそれが「精霊とんぼ」や「盆とんぼ」のことだと思わないでしょうし、そのうちに「精霊とんぼは盆の前になると急に増えてくるのは、先祖の霊を乗せてやって来るからだ」という言い伝えは「ウスバキトンボは東南アジアから飛来する」ことと関連があることもわからなくなっていくでしょう（精霊とんぼは海外から飛んできて、田植え直後の田んぼで産卵し、盆前に一斉に羽化して、大量に眼の前に現われるので、先人たちは先祖の霊を乗せてやって来たと感じたのです）。

もちろん在所の人間も気づかなかった生きものなら標準和名で呼び始めるのも仕方がないでしょうが、そうでない生きものは今のうちに「地方名」も探して使い続けるべきでしょう。

「学」と「農政」の空白に気づくかどうか

新しい「学」が生まれるときは、既成の学に「空白」（空洞）が生じるときです。その「空白」を埋めようとする専門家にとっては、その「空白」を埋めるに足る新しい学が見えてきたときです。もちろんそれは、一部の専門家にだけ見えています。ほとんどの専門家は鈍感です。

この「空白」が多発するとき、大きな空白が出現するときとは、どんなときなのでしょうか。村や農が安定しているときではないでしょう。間違いなく、表面的か深層的は別として、激動期でしょう。変化が求められ、実際に変化が起きているときでしょう。その変化とは何でしょうか。

農学に限らず、科学の発展には、この変化が必要でした。この変化こそが「近代化」と言われるものの現われです。近代化を受容することが変化なのですから、その受容を正当化する科学と農学が求められてきたのです。あるいは、受容に伴う混乱・葛藤を克服していくために学が要請されたのです。こうした学がなければ、近代化農政は展開できなかったでしょう。

ところが一九七〇年代後半からこうした変化とは違った変化が生じてきたのです。まずそれは、近代化批判の動きとして百姓の中から現われました。一九八〇年代になると、それを応援する学がやっと出現しました。農政もまた一九九〇年代になると近代化の行き過ぎを是正する方策を小出しにするようになりました。

このように、A：村の中の動き↓B：学の着目↓C：農政がすくい上げる、という構造になっているのは、当然のことです。ここで問題なのは、Aに百姓や専門家が気づいても、すぐにはBの学にはならないということです。ましてやCはさらに遅れます。しかし、もし百姓や近くにいる専門家が学を背負っていることを自覚している専門家であれば、どうでしょうか。すぐにBの学にできるでしょう。ところが現実にはそうならないのは、なぜでしょうか。これは、ほとんどの百姓や専門家が「学を背負っていることを自覚して」はいないからです。それならプロの学者が現場に立っていたならそれは可能だったでしょうか。それも無理だったでしょう。

これまでの農学のほとんどは外からのまなざしですが、それを内からのまなざしと出会わせる「学」を持った人間でなければ、それは不可能です。ここで重要なことに気づきます。内からのまなざしだけでは、運動はできるでしょうが、それを学の「空白」や農政の「空白」と位置づけることはできません。もちろん外からのまなざしだけではなおさら不可能でしょう。この両者を持ち合わせた専門家こそが、両者を同じ土俵に上げて、学の空白に気づき、この空白は埋めなければならないと自覚するのです。

しかし、どうやって埋めればいいのでしょうか。埋めるための「学」を探さなければならないのです。それが専門家の役割であり、任務です。もしその空白を埋める学がなければ、自分でつくるしかないでしょう。

それは、ささやかな学でもいいのです。表現するのです。学とは表現しなければ、育ちません。葉が繁り、花が咲くのは、死んだ後でもいいではないですか。仮に小さな花だったとしても、それでいいのです。あなたが専門家であり学者だったことの立派な証明です。

「学」のほんとうの空白

このような「空白」がなぜいつも生じてくるのか、と当の農学者は考えることがないようです。それは自分たちが立っている立場を問う習慣がないからでしょう。じつはこのことを自覚していた時代もあったのです。

橘孝三郎は『農村学』の中で、

なお科学といえどもそれが自然科学にせよ、社会科学にせよ、すべて中央とさらに地方出店なる地方大都市の中に育てられておる。未だかつて農村を土台とし、農村の中から生まれてそして育ちあがりつつあるものの存在することを知らない。

と言いましたが、当の学者のほうはどうだったのでしょうか。橘とほぼ同時代を生きた東京大学教授・東畑精一が、三十七歳のとき（一九三六年〈昭和十一年〉）に書いた『日本農業の展開過程』から引用してみましょう。

耕作農民は一定の田畑に対し一定の時期に一定量の労力や費用を投じて収穫を得、これをあるいは地主に納めたり売却したり租税に当てたり、あるいは自家で消費したりしてその生活を継続し、再び次の生産期間には特別の事情なき限りはまた同様の事態を追っている。彼らは永い間に一定の事情の下にいかに耕作すればよいか、いかなる肥料が一定の作物に対して最も効目が多いか、これから得た収穫物をいかに売却したならば自己の必需品がいくら購入され、そしてそれによって自己の生活がいかに保持されてゆくかをすべて経験的に十分に知っておる。（中略）

もし経済社会に何らの変化がなくして上述したような状態を年々歳々くり返していくならば、農民は自動的循環の中にあってすっかり呑み込んでしまった経済の途をただ反射的に反復しておればよろしいのではないか。そこに特に考え込まねば分からないような「頭を要する」仕事もなく、問題もなく、ただただ年々歳々ルーチンに外れまいとするだけであり、父祖伝来の道を踏んでゆくのみである。経済生活が全体として、また個別的にも何等の変化も示さず、静態的状態を維持し同一過程を繰り返しているならば、その世界に出現して来る経済の主体は、畢竟これことごとく「単なる業主」にほかならぬ。

この箇所は百姓を馬鹿にしていると、今日では批判を浴びていますが、私はそれは読み違いだと思います。東畑の言いたいことは、そういう状態の農業や百姓は「経済学上の論議思索において云為せらるべき事柄では毫もない」。つまり「学」の対象ではない、というところにあります。「ところが現実の経済生活は、動態的なもので、不安定のものであり、無限前進の体系を創っていく」から、つまり近代化、資本主義化が進展しているから、農業も近代化と資本主義の進展に乗り遅れないようにするのが「農学」の役割だと言っているのです。

これは東畑の体質ではなく、日本農学の体質でしょう。東畑精一はじつに誠実な学者だったことが、この本を読むとよくわかります。一方の農本主義者・橘孝三郎は、「農は資本主義に合わない」ことを『農村学』で主張するのですから、じつに対照的です。

東畑精一は戦後、農政審議会や税制調査会の会長を務め、戦後農政に大きな影響力を発揮した人です。はたして東畑たちが目指した、資本主義に乗り遅れないように、農業を近代化・産業化することは、成功したでしょうか。今日の農村の衰退は、この日本農学成立の大前提に疑念を抱かせるものです。

東畑の著作に決定的に欠けている視点は、年々歳々変わらぬ百姓仕事を「頭を要する」ことのない「ルーチンワーク」と見ているところによく現われています。やはり当時の学者というものは、百姓仕事を外からしか見ることができなかったのです。ここが橘と決定的に異なります。このことは第五章でくわしく取り上げます。

ここでもうひとつの「空白」「空洞」を思い起こさざるをえません。それは農学に「専門家」と当事者（百姓）の関係をしっかり考える分野が長い間欠如していたことです。どうして日本農学は、「学」と「百姓」の関係を本気で考えることがずっとなかったのでしょうか。農学は百姓以外の人間（専門家）の学として誕生したのですから、その学を百姓に「普及・教化・指導」するための思想や方法の学も形成すべきではなかったのか、と思ってしまいます。

あっさり片づけてしまえば「学」とは、本質的にそういうものだったのです。「学」は「学」だけで自立し、独立してあるものだったのです。昔もそして今も。したがってこの「学」を百姓に普及する専門家は、学者ではなく学者の下請けの「指導員」と呼ばれ、学界から排除されてきました。しかし、これからの「新しい学」は、そうではいけないでしょう。

「農学」とは、資本主義にうまく適合するための「良いもの」を村の外で開発し、「指導員」がそれを普及する、という構造はもうとっくに破綻しています。やっと近年になって、本気で農には近代化していいところと近代化してはいけないところがある、と立論する農学者が出てきたのは、大きな転換でしょう。さらに近代化してはいけない世界を価値づける農学も育ちつつあります。百姓の内発的な動きがほんとうに内発的なものなのか、を考察し、判断することも農学であっていいでしょう。またほんとうに経済成長や産業化は百姓や村にとっていいことなのかと考えるのも農学の役割でしょう。

同時に、現代の農学のいちばんの到達点は、東畑時代とは違い、必ずしも発展しなくても、むしろ変化せずに、安定して、持続する農であればいいのではないかと、考えることができるようになったことではないでしょうか。近代化しなくても成り立つ農のあり方に着目できるようになったのです。私なりに言い換えると、農には変化や進歩は合わない、あるいは農は資本主義には合わないのです。なぜなら農を支えている自然が変化や進歩や近代化を求める資本主義に合わないからです。これこそが、自然と折り合う未来の農の根本思想になるでしょう。

「農業経営」や「農業技術」は日本農学によって村に持ち込まれたのですが、東畑精一にならえば、それは資本主義に乗り遅れないため、資本主義の果実を得るため、つまり農業を近代化するための方法でした。しかし、これからは別の方向に進むべきでしょう。資本主義に対抗するための農業経営や農業技術、資本主義が終わった後の社会を支えていく農業経営や農業技術がなくてはなりません。

つまり、資本主義や社会主義などの近代化のためのナショナリズムを支える農学ではなく、経済成長しない、進歩しない、発展しないけれども、豊かに安定してくり返す世界を、パトリオティズムを支えるための農学こそが、次の時代の主流にならなければならないでしょう。こういう農学は、むしろ橘も言っていたように村の中から、百姓も同行者になって生まれてもいいのです。もっともそれは農学でなくてもいいわけで、哲学でも百姓学でも、地元学でも文学でもいいのです。

資本主義社会の中では、
農のほんとうの価値は認められることはないのではないか、
と感じることがあります。
でも農のほんとうの価値とは何なのでしょうか。
なぜそれは表現したり、価値づけたりされていないのでしょうか。
農本主義は、この疑問に答えようとします。

第三章

資本主義から農本主義へ

「農の原理」の自覚

あたりまえの世界を表現し価値づけることは難しい

今年も七月もなかばを過ぎた朝に田んぼに行くと、赤とんぼがいっぱい生まれて飛び始めています。もう梅雨が明けるな、真夏になったな、と感じます。しかし私はこの時期になると、毎朝田んぼでやる仕事があるのです。五㎡の広さの四隅に笹竹を立てた場所に向かいます。昨晩成虫になった赤とんぼ（主に薄羽黄とんぼ）の羽化殻を採集するのです。半月ほどの調査で、その年に生まれた赤とんぼの数を推定できます。近年赤とんぼは全国各地で減少しているのですが、わが家の田んぼでは二〇一四年は一〇a当たり約一〇〇〇〇匹でした。これまでの平均よりもやや少ない程度の数でした。

この見方には、赤とんぼの情景に外側からのまなざし（調査研究）を導入しています。私には、田んぼで生まれる赤とんぼをナショナルな価値にしようとする魂胆があるからです。

たしかに貿易のグローバル化や経済成長を論じようとするなら、外からのまなざしは必要でしょう。環境支払いの政策を構想する場合も同じです。内からのまなざしでは、グローバル化する経済には対抗できないし、政策を立案することもできない、とつい思い込んでしまいがちです。

しかし、外からのまなざしだけでは、たいした価値もありそうにない、あたりまえの世界が見えなくなります。じつはその、あたりまえの世界こそが、この国の「発展・成長」によって、傷つけられ、喪失していこうとしているのです。こういうときに、外からのまなざしだけに頼っていては、何かが足りないのです。

それでも、あたりまえの世界は、内からのまなざしだけでは表現し、理論化することが難しいのです。田んぼで生まれる赤とんぼの数を数えなければ、なぜこんなに多くの赤とんぼが田んぼで生まれているかの原因は突きとめることはできませんし、そもそも赤とんぼが日本国全体でどれほど生まれているかはつかめません。この世界の価値を誰にでもわかるようには表現できません。だからといって、科学的な記載にのめり込むと、赤とんぼと一緒にいる喜ばしさは、忘れ去られてしまいます。

そもそも、こういう田んぼの赤とんぼが群れ飛ぶ情景を、日本の百姓は意識して語ることがありません。ナショナルな価値として称揚することがないばかりか、在所の価値としても語りません。農産物の輸入自由化問題に引きつけて言えば、「農家経済が守られるなら、自然環境も守られる」と言う百姓も少なくありませんが、そうでしょうか。情愛と経済は対立する場合が多いのに、そういう局面に直面した経験が少ないのでしょう。経済こそが社会の土台であるという考え方に疑問を持つことがないから、カネにならない価値が減退していくことに鈍感でいられるのです。ここにはすでに経済に対する敗北の兆しが現われています。

かつて、しばしば赤とんぼに見とれていた先人の、田んぼの世界への情愛は危機に瀕しています。それにとどめを刺そうとしているのが経済のグローバル化です。しかし、このことへの危機感はナショナルな単位での経済の損失のみに向けられており、あたりまえの世界、在所の世界には向いていません。

このような赤とんぼに象徴されるあたりまえの現象と、それをあたりまえと感じる感覚は、いずれもこの国の「農」が生み出したものです。こういった人間と生きものとの関係を農の「原理」だと自覚することはたいへん困難です。あたりまえとはふつう、認識することの外にあるからです。あたりまえのことを「原理」として意識するには、特別の工夫と試みが必要なのです。

農の「原理」へのまなざし

百姓をしていて、あるいは農業にかかわる仕事をしていて、「今という時代は、何かがおかしい」あるいは「何かが間違っている」と感じる人は少なくないと思います。たしかに農地や山林や自然が荒れ、村の人口が減っているのは目に見えますが、そういう表面的な様相ではなく、もっと深いところにある農の「本質・原理」そのものが一貫して否定され続けてきたような気がして、どこかが変だ、と感じている人も少なくありません。自由貿易の推進だけでなく、この国が明治以降、国民国家となって以来、ずっとたどってきた道そのものが、じつは農の「本質・原理」を顧みることはなかったのではないか、という感覚は私だけのものでしょうか。

それは百姓のほうも「農とは何か」「近代化とは何か」「農と近代化は折り合えるのか」という根源的な問いを避けてきたツケでもあるでしょう。農の「本質・原理」のようなものを守るという発想がなく、農の経済価値を守ることで代替しようとしてきた帰結だとも言えるでしょう。

じつはこのことに気づいていた少数の百姓たちが、明治末期から昭和初期に生まれました。彼らは「農本主義者」と呼ばれています。戦後には「ファシスト」「超国家主義者」「天皇制賛美の軍国主義者」というレッテルを貼られて、歴史の闇に葬られようとしてきました。しかし私は、「この国の社会発展の方向は、農の原理を否定し、農を亡ぼす方向に向いている」という彼らの気づきは、正しかったと思います。ぜひとも、再評価の機運をつくりたいので、第五章でくわしく紹介します。

そこで、まず農の「原理」とは何かという基本的なことを説明せねばなりませんが、簡単ではありません。

二段重ねの餅

二段重ねの鏡餅があるとしましょうか。上の餅が小さいなら、下の餅が見えるでしょうし、上に乗っていても、下の餅に支えられていることも意識するでしょう。ところが上の餅のほうが大きいと、下の餅が見えません。見えないばかりか、自分を支えている土台を忘れてしまいます。

上段をナショナルな価値（国家の価値）、下段をパトリの価値（在所の価値）とします。下段のパトリの価値は、ナショナルな価値に比べて、表出・表明・表現されることの少ない価値です。上段をナショナリズム、下段をパトリオティズムと言い換えてもいいでしょう。

農産物の自由貿易（TPPなど）に反対する運動の構図は、従来の農業を守る運動と変わらないように思えます。百姓の大多数が反対しているのに、百姓以外の国民の過半数が賛成しているという構図があります。その理由は、次のように語られています。

(1) ほんとうの農業の危機が国民に伝わっていないからだ。百姓はもっと、危機の深さを国民に伝えなくてはならない。

(2) 国民の多くが「自由貿易」は時代の趨勢だという常識に染まっている。「国益」としてプラスになるという情報に惑わされている。

(3) 農業以外の利益と、農業が被る損失を天秤にかけるときに、損失が過小評価されている。農業の損失は、農業にとどまらず、広範囲に及ぶ。

「ほんとうの危機」とは「ほんとうの価値」の崩壊のことだと思われますが、それは「国益」のことでしょうか。農業が被るであろう損失は過小評価されているのでしょうか。

ここにはあきれるほどに、自由貿易に反対する側にも、賛成する側と同じ「国家」の目線からの発想が、あふれています。「日本の農業が壊滅する」という言い方はその典型でしょう。いつの間にか、国民も、国家からの視線でものを見ていることを疑おうとはしていません。いわばナショナ

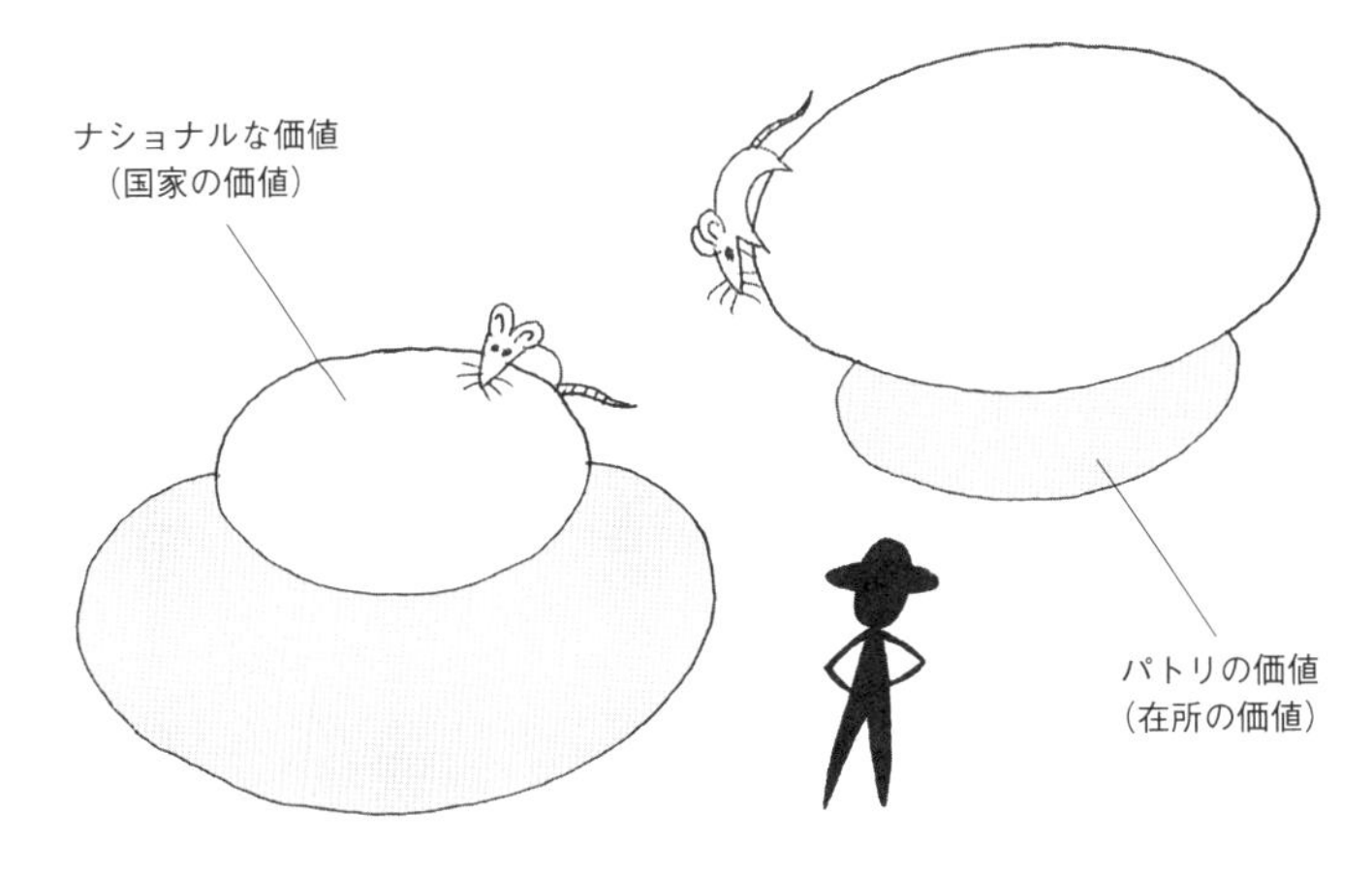

図3　二段重ねの餅

リストとしての発想になっているのです。べつにナショナリストであることはたいした問題ではないでしょう。ナショナリズムは国家のあり方を問うときには必要なものだからです。

しかし、政府高官のナショナリズムと、百姓の、そして国民のナショナリズムが同じであっていいのでしょうか。政府が考えるナショナルな価値と、百姓が感じ生きてきたナショナルな価値とは同じものでしょうか。それは、じつは違うものです。なぜなら両者がつかんでいる「ほんとうの価値」が違うからです。違うのに同じように感じさせてしまうのはなぜか、と私は問いたいのです。農業の「ほんとうの価値」とは何かを明らかにし、表現して伝えるためにも、農の「本質・原理」とは何かをはっきりさせないといけないのです。

もう一度、二段重ねの餅のたとえに戻りましょう。上段で相撲をとると、上段の価値観を認めたことになるのではないでしょうか。たまには上段の住人を下段に引きずり下ろして、下段のほんとうの価値を対象にして相撲をとるべきだと言いたいのです。そのためにも、この二段重ねの餅から降りて、外側から見たらどうでしょうか。二段重ねの構造がよく見えるでしょう。この視座こそが、かつて農本主義者たちが獲得したものです。ナショナルな価値の土台には在所の価値があることの自覚です。

この在所の価値世界を、戦前の農本主義者である権藤成卿は「社稷(しゃしょく)」(在所の共同体)と呼びました。私は「天地有情の共同体」と呼んでいます。なお、「社稷」については、第五章でくわしく紹介します。

下段の価値を「原理」に仕立てる

ところで、案外みんなが気づいていないのは、経済価値で語ろうとすると、その瞬間に上段の土俵に乗ってしまうことです。つまりすべてがナショナルな価値に収斂され、「国益」として経済で計算され、天秤にかけられるのです。

たぶん農家経営だって、経済価値で損得を計算するのだから、国家レベルでも計算しても同じだと考える人が多いでしょう。それは規模の違いであって、個々の損得が国家レベルまで拡大したにすぎないと言い張る人が多いでしょう。しかしここにこそ、上段のナショナリズムの怖さが顔をのぞかせています。下段と上段は直結している、一体だと思わせてきたのが、国民国家のナショナリズムの力業なのです。

個々の農家経営と国益は、何よりも計算方法が異なります。自由貿易（ＴＰＰなど）による個々の農家の損得を一軒一軒累積して、日本農業の損失を計算したわけではありません。そうしたのなら、問題は違った様相を示すにちがいないでしょう。ところが、被害額とは、農水省の試算であっても、ＴＰＰ反対派の学者の試算であっても、最初から個々の農家の経営を無視して、国家レベルの計算式で計算されています。すでにここから、私たちの実感を離れているだけでなく、上段の視点に絡め取られているのです。もちろん日本農学に依拠すると、こうなるのは当然です。農学は上段の世界で形成されてきたものですから。

そもそも経済価値で表現すること自体が、自由貿易の論理を認めていることにならないでしょうか。経済価値よりももっと大切な「ほんとうの価値」が下段にはあるのに、経済こそが土台だという思想の脅しに、国民国家の構成員となった国民は弱いものです。それはそうでしょう。上段の国家とは、在所に根を張っているように見せかけている体制だからです。

もうひとつさらに重要な視点を提示してみましょう。それは農産物の輸入自由化反対論のほとんどが、問われているのは国家間のナショナルな価値の対立であると見ていることです。しかしそれは見当違いではないでしょうか。たしかに日本政府が、農産物を日本に輸出したい外国の言い分に妥協するおそれは大きいでしょう。しかし問題は、「対外」よりも「対内」ではないでしょうか。気づくべきは、それぞれの国の中でナショナルな価値（ナショナリズム：上段）と、パトリの価値（パトリオティズム：下段）が対立していることです。

国益という経済価値によって、生きものや草花や風景といった、在所のささやかなカネにならない価値が滅んでいくことに、賛成派と反対派のナショナリズムはともに冷淡すぎます。いま何よりも求められるのは、在所の価値を支える情愛の側からの抵抗でなくてはならないでしょう。この情愛は、声を上げてはきませんでした。いつもじっと見つめながら、静かに涙を流して見送った生きものの膨大な死を背中に負っています。しかし哀悼だけでは、守れません。よく言われる「国民の理解が得られるように努力する」ためにも、これまでのやり方では何かが足りないのではないでしょうか。

そこで、思い切って下段の在所のほんとうの価値を「原理」に仕立ててみようではありませんか。ここに「新しい農本主義」が生まれることになります。農本主義は外からやってきた近代化、資本主義化への危機感から生まれ落ちるものです。危機の根源は、農産物輸入の増大だけではありません。もっと深いところで進行してきた、この国の農業の近代化・資本主義化に対抗するには、農のカネにならない世界が社会を支えていることを「原理」（ほんとうの価値）としてかかげる農本主義が生まれるしかないのです。

敵は外国のナショナリズムである前に、日本のナショナリズムなのです。自分たちの生きる母体をないがしろにして恥じないナショナリズムが、ナショナリズムの代表であるかのような顔をしていることに、私は異議を唱えるのです。そんなものは国益でも何でもありません。国家単位に膨張した金欲にすぎないのに、「国益」とは笑わせます。

貧しさで経済に対抗する

近代化された社会では長い間、百姓仕事や百姓ぐらしは「貧しさ・重労働・不便さ」の三重苦であると言われてきました。いや、今でも言われ続けていますが、農業近代化によってこれら三重苦からの「解放」がすすむにつれて、逆に失われていったものがあります。農業を近代化しようとしたからこそ、これらは三重苦に見えるようになったのですし、これらを三重苦にすることによって、近代化は正当化できたのです。その失われたものとは何だったのでしょうか。

山下惣一はすでにデビュー時に次のような眼力を持っていました。彼の処女出版『野に誌す』の印象深い書き出しを引用します。

> 貧困と窮乏にはあれほどの強靱さと、したたかな生命力で耐えてきた農村が、欲望を限りなく刺激することで浸透してくる繁栄という名の荒廃に、自らの基盤すら売り渡して、崩壊へなだれこんでいこうとしている。(中略)
>
> 農業とは本来夢を育てる仕事であった。小さな種が芽をふき、大地に根を張り大きく伸びていく過程は、農民の夢のふくらみと共に成長し、あとにもたらされる豊作こそ、夢の結実であり農民の生き甲斐であった。(中略)
>
> (ところが)この国の経済合理性は農業の存在を拒否する。

このとき山下惣一は、三十七歳でした。その後、事態はさらに悪化の一途をたどり、「夢を育てる仕事」は、経済的な価値を追求する労働に置き換えられて、行方不明になったままです。しかし山下は「農村は貧しさには強かったが、経済的な豊かさに弱かった」と当時から見抜いていたのです。貧しかった時代には、経済価値以外のほんとうの価値がたっぷりあったからです。いやこういう表現がすでに、近代的な価値に毒されています。それは価値ではなくて、価値とは意識されずに、あたりまえにそこに存在し、あたりまえに百姓を支えてくれたものの一切でした。それが意外に表現されていないことに気づいたからこそ、私はそれを「ほんとうの価値」(原理)として表現する「農本主義」を掲げようとしているのです。あたりまえの世界は、あたりまえすぎて表現されないで済まされているものです。それを表現しようとするのは異常なことです。その異常さを「内からのまなざし」と「外からのまなざし」を持ち合わせている農本主義者は自覚しています。

そして私は、その「ほんとうの価値」(原理)の最大のものを、かつての農本主義の主張の中にあたらためて発見したのでした。それは一言で言えば、天地自然に包まれ、天地自然からめぐみを引き出し、天地自然に返していく百姓の「仕事・くらし」の楽しみだったのです。こう言ってしまうと「なぁーんだ」と思われるでしょう。そういうものなのです。しかし、これが思想や学の対象になっていないから、ほかの積極的なナショナルな価値ばかりが肥大してきたとも言えるのです。

山下の「夢」とは、日本農業を豊かにする夢ではなく、家族と村の豊かさを育てる夢でした。この夢をパトリオティズムの消極的な価値(原理)として守り続けることはできないのでしょうか。

経済成長を拒否する心性

近代化の最大の暴力（成果？）は、農にも成長が可能だと実感させたことでしょう。所得は増やすことができるし、当然ながら多いほうがいい。労働は軽く、短く、楽なほうがいい。物は多く、潤沢なほうがいい――このような近代化思想は、私たち日本人に経済成長への期待を、そして世の中は進歩・発展するという実感を植え付けてきました。しかしそろそろ、このために犠牲になったものを、指折り数えてみる時代になったのではないでしょうか。簡単に言うなら、これ以上進歩を求めたらいけない、裕福になってはいけない、いやあえて貧乏になるべきだと考える時が来ているということです。

成長を拒否せねばならないほんとうの理由は、百姓仕事の相手であり、ともに働いている自然の生きものにとっては、成長（進歩・発展）が不可能だからです。いくら赤とんぼに幼虫期間を短縮してくれと要請しても、相手にされないことは誰でもわかるでしょう。生きものの生に効率を求めるのが破廉恥なように、たぶん人間の生にも効率や経済成長を求めるのは重大な過ちだったのかもしれません。ところが近代の人間は、国家から自分の生に効率と成長を求められ、苦しみながらもそれに応えてきたのです。これを「社会の発展」と言い換えて、受け入れてきたのです。

だからといって、人間以外の生きものの生にまで、効率や成長を要求することは、やり過ぎです。だからこそ、直視しようとしないのです。見て見ぬふりをしているのです。

ようするに生きものの生を母体にしているかぎり、「農は資本主義に合わない」ということです。これはかつての農本主義者が懸命に理論化しようとして、志半ばで終わったとても重要な思想的な論点です。しかし今ならば、それはできるような気がします。資本主義が経済価値で動いている以上、経済価値以外の価値のほうに多くを依存している農は、肩身が狭いだけでなく、次第に息の根を止められていくことに、みんながうすうす気づいてきたからです。

しかも、当の資本主義が終末に近づいているという現実は、大きな好機だと言えるでしょう。農は経済価値のない「ほんとうの価値」をいっぱい生み出しているばかりではありません。そのカネにならないものによって、農自体も支えられていることに気づいていないとは言わせません。それを理論化し、思想化し、具体的に、主張するのが、新しい農本主義なのです。そのためには資本主義が登場する前から存在し、今日では危機に陥っている「農の原理」をカネにならないものの中に探し求めることから始めるのです。この農の原理は資本主義の後にやってくる農本社会を構想するときの原理に通じるでしょう。

「農の原理」にこだわる

このように、農が生み出し、農を支えているものは、資本主義の経済価値からはみ出しています。農はカネにならない価値をいっぱい生み出しているのです。このような直感と言うべきか実感と言うべきか、百姓が体で感じる感覚が大切です。それなのに農を資本主義に、無理に合わせようと苦労してきたのが、農業の近代化でした。でも、そろそろ気づくべきなのです。農を資本主義に合わせようとすると、農の土台（農の原理）は破壊されるのだと。

そういう意味では、「農業には特別な価値がある」という言い分は、「農業には特段の保護を必要とする」と言った程度の思想ではないのです。資本主義には合わない価値がある、ということなのです。資本主義の手のひらの上で「農家の経済」を守るという「富の分配」に矮小化するのではなく、資本主義に内部から異を唱え続け、資本主義の手から「農の原理」を守っていくんだという気概の表明なのです。断るまでもなく、それは社会主義でもなく、だれも体験したこともない理想社会でもありません。かつて、この国のどこの村にもあったものをモデルにするものです。

ただ、ここに一つ厄介な問題が浮上してきます。「農の原理」と言うと、つい原理主義を思い浮かべてしまうことです。たしかに「農の原理」を守っていく農本主義は原理主義に似たところがありますが、違いも明らかです。

そこで「原理主義」について、確認しておきましょう。原理主義（ファンダメンタリズム）という言葉は新しいものです。私たちがよく耳にするようになったのは、一九八一年のイスラム革命における「イスラム原理主義」からです。しかし、この言葉が最初に使われたのは、一九二〇年代のアメリカでの「キリスト教原理主義」が最初だったようです。それは一言で言えば、近代化によって失われようとする聖書の原理を守れ、という思想でした。

現代では「市場原理主義」という言葉に見られるように、原則主義、教条主義という意味で無原則に拡大されていますが、ここでは原意を大切に扱いたいと思います。「市場原理主義」とは「市場万能主義」と同義で、ウルトラ近代化主義ですが、イスラム原理主義は近代化からイスラム教の「原理」を守れという主義なのです。

つまり原理主義とは、すでに確立した「原理」や「原典」に固執することによって、近代主義に抵抗しようとするものです。イスラム原理主義には「コーラン」、キリスト教原理主義には「聖書」という「原典」がありました。それが近代化によって冒瀆されていると感じたからこそ、反発と回帰が起きたのです。もちろん彼らの実生活は相当近代化されています。だからこそ、宗教の「原理」だけは死守しようとするのでしょう。

ここで、「新しい農本主義」と「原理主義」の似ているところと、違うところを整理しておきましょう。

似ているところ

(1) 西洋由来の近代化に反発し、合理主義、経済至上主義、を批判しています。
(2) 近代化してはならないものを「原理」として、堅持しています。
(3) 少数派に甘んじてもいいと思っています。

違うところ

(1) 原理主義の原理はすでに、権威ある教典によって確立されていて、変更がききませんが、農本主義の「農の原理」は一人ひとりが探し求めていくもので、共感しあうことはあっても、画一的で統一された「教典」や「原典」になることはありません。

(2) 原理主義者は同じ原理を奉じる団体、教団に属していますが、新しい農本主義者は徒党を組まず、団体に所属しません。しかし、共感・共苦しあう、連帯しあうゆるやかな結びつきは大切にします。

(3) 原理主義者は在所を軽々と超えた発想をし、政権を奪取しようとしますが、新しい農本主義者の発想は在所を超えることがなく、政治は手段にすぎないと心得ており、一人ひとりの価値転換を願っています。

農本主義には「原典」はありませんが、それぞれの「農の原理」があります。その原理とは、これまでもそれとなく語ってきましたが、もっとはっきりさせねばなりません。

「農の原理」を守る農本主義

自給が農の原理になるとき

日本書紀は「農」を「なりわい」（「百姓」は「おおみたから」）と読ませています。長い間、農は生業でした。「自給」という言葉も使う必要がないほど、生きていくためには必要なものは天地有情の共同体から引き出してきていたのです。自給があたりまえの状態では、自給は意識されません。それなのに、自給を意識せざるをえないようにしたのが資本主義です。その理由は二つあります。ひとつは、自給を軽視するどころか破壊してきたのです。しかも、いつのまにか巧妙に、まるで百姓自らが望んでしたかのように、さまざまな自給を放棄させてきたのです。

(1)薪の自給、(2)粉ひきの自給、(3)農具（鍛冶屋）の自給、(4)織りや染めなどの自給、(5)味噌や醤油や油や塩や酒の（加工の）自給、(6)大工・左官仕事や石工・土方仕事の自給、(7)百姓仕事の自給、(8)食べものの自給、(9)お産の自給、(10)子どもへの伝承の自給、(11)祭りの自給、(12)葬式の自給、(13)自然の自給、(14)風景の自給、(15)思想の自給、まだまだありますが、これくらいにしておきましょう。

ようするにこれらの自給を放棄させたのが、「分業」「兼業」「外注」のすすめというかたちをとった農の産業化政策です。表向きは「専業農家の育成」を謳っていたのに、内実はその専業農家であっても、これらの自給の多くの放棄を迫られたのです。すべての百姓が何らかのかたちで、自給を放棄させられたところに着目するのが、農本主義者の眼力です。

もうひとつは、新たな国民国家レベルの「自給」の創設です。その代表選手が「自給率」という尺度です。ビール麦の自給率は一二％だと言われても、一人ひとりの百姓は自分の飲むビールの「自給」を上げることはまずできません。「ビール麦を作付けすれば、いいじゃないか」と言ったとしても、「五〇a？　一ha？　その程度の面積ならすすめてはいません」と国家は冷ややかなものです。なにしろ酒の自家醸造すらも法律で禁止している国家ですから。

ここには、百姓の（消費者も）食卓の「自給」と、国家の自給率がまったく異なる世界に存在することが、露呈しています。しかし、多くの国民はこのことに気づきません。国の食料自給率は、一人ひとりの食卓の延長にあるのではありません。別物だということは前に述べました。

生業の自給と国家の自給率を比べるなら、事態は深刻な様相を呈しています。[10]子どもへの伝承の自給、を例にとってみましょう。これだけ「農業体験」が盛んになっているのに、田植えを自分の子どもに体験させている百姓は、数％もいません。そして、農業体験の主力メニューの「田植え」はほとんどが前近代の「手植え」です。

このことは、何を証明しているのでしょうか。百姓は自前で百姓仕事のもっとも大切な世界を伝承する気持ちを奪われているのです。しかし当人にその自覚はほとんどありません。「今時、子どもに仕事を手伝わせている産業はないだろう。しかも時代遅れの手植えをね」と真顔で言う百姓も少なくありません。これが「国民化」の本質なのではないでしょうか。

ところで国民国家は自覚的に、これらの自給を放棄させる政策を展開してきたのでしょうか。どうもそう思えないところが、問題なのです。やるほうもやられる側も、無自覚なのは、困りものです。責任の所在が不明確になるからです。ここが資本主義のほんとうの怖さなのです。農本主義者は近代化や資本主義化は内発的なものではないと証明し、それがもたらしたものが何であるのかを、その責任は誰にあるのかを問い詰めようとするから、嫌がられるのです。

しかし、新しい農本主義のほんとうの眼目は別のところにあります。上記の自給の(1)〜(15)を静かに堅持して、在所で生きていくのです。どんなにやめろと言われても、どんなに馬鹿にされても、どんなに時代遅れになっても、どんなに税金の無駄遣いと言われても、どんなに非国民と言われても、どんなに社会性がないとののしられても、どんなにまわりが離農していっても、自給する百姓として生きていくのです。

どんな形態の農であれ、自給をすべての局面で、少しずつでもいいから取り戻していくのです。そういう生き方を「いいね」「いいよ」と褒めあうのです。有機農業でないとダメ、大規模農業でないとダメなどと、足を引っ張り合わないことです。自給をできるだけ堅持しようとするかぎり、共感してつながり、国民国家の近代化、資本主義化政策にきちんと対峙していくことができます。

国民国家や資本主義が手を出せない世界がちゃんとあります。じつはそれがないと、国民国家や資本主義だって、成り立たないのです。そのことに気づかないから、資本主義は崩壊していくのです。ただ、このことを農本主義者は国家に教えてやろうとするものですから、国家に期待しているのではないかと誤解されることもあります。

農本主義は可能か

これまでは農本主義というと、「農業にこそ特別な価値があるので、社会は農業を大切にすべきだ」という主張であるという理解がほとんどだったのではないでしょうか。しかしいくら「農業は社会の土台を支えている」と言っても、「資本主義の中では、弱い農業を保護してください」という「富の配分」のための理屈づけだと思われてしまうでしょう。しかも「その保護も、そろそろやめてもいいんじゃないか」と言われるようになっています。貿易のグローバル化に反対する運動の「関税撤廃の猶予」という穏健な主張すら苦戦しているのもこのためではないでしょうか。だからこそ、数字をあげて「アメリカやEUの農業のほうが日本よりもはるかに保護されています」と言うしかないのです。

さらに、「農業だけが特別な価値がある」という主張は、他の産業からは独善的だと反発されるのは目に見えていますから、「他の分野とも連携して、自由貿易に反対しよう」と言わざるをえません。こうなるといよいよ農本主義から遠ざかっていきます。たしかにそれでも、「農業は命の源の食料を生産しているから」というのは、「原理」の一部であるように思えますが、その食料だって、日本人の多くは自分のためにカネで購入しているのが現実です。残念ながら、私たちはカネがなければ食いはぐれる時代に生きているのです。それは資本主義社会の処世です。

そこで議論を「農の原理」にもとづいて、展開してはどうでしょうか。なぜ「農の原理」を探し求めるのかを、ここで整理しておきましょう。

(1)「農は資本主義に合わない」という理由を説明するためです。これは近代化によって大切なものが滅んでしまうから、近代化という社会の変化（進歩）に異を唱えるために必要です。

(2)農とはかつてのような生業でもなく、資本主義社会が求める産業でもなく、もっと別のもので、社会の土台を支えているものだということを証明するためです。

(3)人間は天地自然に働きかけ、天地自然に抱かれて、天地自然からのめぐみをいただいて生きていくしかないことを自覚するためです。つまり「農とは何か」を明らかにするためです。天地自然の下で人間が生きていくことの意味と意義を実感し、自覚するためです。

こうして「農の原理」が一人ひとりの人間の中で、明らかになれば、農が外国ではなく、あるいは国内の遠い地方ではなく、在所に存在しないといけない理由も見えてくるでしょう。また、その農が経済価値では交換できない価値で在所を支えている理由も自覚できるでしょう。たとえば、田植え後のかぐわしい香りの風や、夕べの赤とんぼの群れや、真っ赤な彼岸花の風景や、見慣れた生きものたちの鳴き声の意味と価値が、資本主義では守れないなら別のもので、「農の原理」を守る農本主義で守るしかないということが明らかになるでしょう。

食料が「原理」にならない理由

余った食料を足りない地域へ売るのが当然だった時代はもう昔のことです。市場経済が発達してくると、違う論理が働きます。余っているかどうかではなく、国内外を問わずに、高く売れる可能性があれば生産し、その地域や国が飢えているかどうかに関係なく、高く売れるところに売るのです。

それが貿易だったら「関税」は邪魔になるでしょう。また国内でも、余った食料を足りない地域に売るのではありません。「食料基地」と呼ばれている九州の農村でも、新潟コシヒカリや北海道の米が売られているのは、どうしてなのか考えてみてほしいものです。国民国家の内部なら、産地間競争で他の産地をつぶしてもいいのです。農産物とは、産地と消費者の欲望の連携で調達してもいいものになっています。

たしかに食料は命の糧にはちがいありませんが、それは自家で自給する必要もないし、地域で自給する必要もないものになっています。その延長として国民国家の単位でも自給する必要がないものになっていくのは、必然ではないでしょうか。これは資本主義のシステムに取り込まれていくものの宿命です。自分自身が資本主義社会にあわせて生きていることに気づかないから、経済に対抗できないのです。食料は「自給」からかけ離れた「商品」になってしまったのです。

「産地や安全性や品質へのこだわりは残っている」と反論したい気持ちはわかります。しかし、産地や安全性や品質に「価値」があるのだと言い立てた途端に、その価値が比較されるようになり、食べものがより商品化してしまうことに敏感になるべきです。

グローバル化する経済活動のいわば「練習・準備」を、日本国内で百姓自身と国民が合同で「産地間競争」を正当なものとすることで不断に行なってきたのではないでしょうか。これは農の「原理」を、内部から破壊してきたとも言えるものです。

このように考えてくると、「国産」を選ぶという行為は、貿易のグローバル化にナショナリズムで対抗しようとしているように見えますが、じつは国内の産地間競争と、それを推進してきた国民の欲望を覆い隠す役割も果たしていることに気づきます。つまり在所のパトリオティズムを滅ぼしてきたのです。

たしかに「関税」という国家が主導するナショナリズムで国境の壁をつくって、対抗しようとする方法は、「国産」を守ることにはなるのですが、なぜ成功しなかったのでしょうか。これまでのガット・ウルグアイラウンド、ＷＴＯなどの交渉で後退に後退を重ねたのは、そもそも資本主義の倫理に根底から立ち向かう姿勢が日本の国内になかったからです。

ここまでくると、やっともうひとつのことに気づくべきでしょう。それこそが未発掘の価値なのです。「食べものには、商品化できない価値も含まれている」という経験であり実感です。経済価値では表現できないが、たしかに自然を支え、在所のくらしを守り、風景を支えている価値が食べものには包含されていることです。

これこそが、食べものから見たときの、農本主義の「農の原理」なのです。

求道と社会変革

旧・農本主義者の大きな特徴として、百姓仕事への没入を、もっとも人間らしい生き方だと得心していたことがあげられます。人間らしい生き方を探し、百姓らしい生き方を求め、天地有情の共同体の中にあると思われる「道」を自分なりにつかもうとすること、これに「求道」という言葉を与えておきましょう。旧・農本主義者は、社会変革運動と「求道」の間で、揺れ動き、そして悩みました。自分の百姓仕事の豊穣な世界に没頭し、その喜びを深めればいいものを、ついそれを圧迫してくる資本主義の影を感じ、このような社会を変えなければ、農の豊かさは守れないと考え、行動してしまうのが農本主義者の特性でした。心やさしい百姓だからこそ、自分のことよりも、つい仲間の百姓や農の在り方を心配してしまうのです。私がかつての農本主義者にいちばん惹かれるのは、このような優しさです。この近代化社会と自己の世界の対立と矛盾をしっかり抱え込み、そして悩み続けた人生にこそ、農本主義者の魅力があります。

今日までの旧・農本主義の取り上げ方は、五・一五事件に象徴されるように、社会変革運動という側面に引きずられすぎて、一面的になってしまっています。旧・農本主義者が両者の狭間で悩み、身を引き裂くようにして表現しようとした「農の原理」については、ほとんど顧みられません。

それに百姓は、この百姓仕事への没入の喜びを語るのが苦手です。もちろん、それは昔からそうだったのですが、現代では農に限らず「表現」というものは、マスメディアを通して行なわれるのが主流になってしまっているので、百姓が農の原理を探し求める道程でもある「求道」を表現する機会も動機もいよいよ生まれにくくなっています。これだけ近代化（資本主義化）が進んでしまった中では、「百姓仕事の喜び」を「原理」として抱きしめ直すことこそが「求道」のそして「表現」の中心となっていいでしょう。

こう考えてくると、農には宗教者の「求道」に似ていることがいっぱいあります。それは外からのまなざしでは「単純作業」「ルーチンワーク」と見えるかもしれない百姓仕事のすべてに農の原理が含まれているという自覚が生まれたとき、「道＝原理」が見えてくるからでしょう。そしてその求道は、つね道半ばだとかみしめなければならないほど、天地自然の共同体は奥深く、人知ではつかめない何かが残ります。百姓仕事への没入のひとときから覚めたときに、名残の中で感じるものの豊穣さを表現し、思想化しようとする人間が、農本主義者なのです。そのときに「原理」が自覚できるのです。

「武士道」が注目された時期がありましたが、「農道」（道路ではない！）が注目されないのは、この求道の結果を「原典」にする人が現われなかったからです。もっとも武士と違って、近代化される前の百姓は「道」などなくても一向に困らなかったからですが、現代は違います。現代の百姓は、「農の原理」を探し求めていく求道者にならなければ、資本主義に対抗できません。つまり農本主義者こそ、現代の農の求道者なのです。

新しい農本主義の原理とは

この「農の原理」を思想に仕立てたのが「農本主義」だとも言っていいでしょう。かつても同じような心情の運動がありましたが、旧・農本主義者は「農の原理」という言葉を使ったことは一度もありません。それを「原理」に匹敵すると感じたのは私の独自の見解です。

「農の原理」はどうやって探したらいいのでしょうか。それはあたりまえすぎて、百姓はほとんど自覚することがないものでしょう。たしかに「天地への感謝を忘れるな」「すべての生きものには命がある」「稲をつくるよりも田をつくれ」「稲の声が聞こえるようになれ」「草を見ずして草をとる」「夕焼けには鎌を研げ」というような教えが昔はありましたが、そこから「原理」というようなものを抽出する習慣は、近代化される前の日本人にはありませんでした。そして近代化された後では、「原理」に匹敵するものは科学的な法則に置き換えられ、「原理」は行方不明になってしまったのです。

そこで、あらためて「近代化しても、けっして近代化できないもの」とは何か、と考えてみるといいでしょう。それは眼の前の在所に転がっています。なぜなら、「原理」とはそれが壊れたときに見えてくるもので、現代では否が応でも見えているからです。

百姓はこれまで多くの危機や災害や不幸を引き受けてきました。それがあるとき、「これは引き受けきれない」と感じたとき、それは「原理」が壊れているときです。その壊れているものを「原理」として表現するのが農本主義者の役割です。

その数々をこれから列挙してみますが、ほんとうはもっといっぱいあります。これらを社会的に認知させていくには、さらに理論化と豊かに表現することが必要でしょう。その方法の半分は旧・農本主義から学び、残りの半分は「戦後七〇年」から学ぶしかないでしょう。外からのまなざしと内からの求道でつかんだ世界観が交わるところを表現できる「原理」をもれなく記述できるなら、それは「原典」になるでしょうが、そういう力量は私にはありません。そこで、例示で済ませることにします。

さて、この章の冒頭の赤とんぼが群れ飛ぶ世界は、「原理」にするとどうなるでしょうか。「天地自然を支えているものは、近代化されていない百姓仕事であり、それをあたりまえで当然のように受け止める習慣は、天地が持続的であることに安堵する百姓の感性から生まれ出たもの」というようになるでしょう。以下に、「農の原理」についてもう少し細分化し説明をくわえてみることにします。

(1) **天地自然への同化**　人間は天地自然に没入しているときが最も安堵し、安心し、幸せなひとときではないでしょうか。なぜなら、このときには欲望も悩みも忘れ、天地と一体になっているからです。この境地は天地自然に抱かれて百姓仕事に没頭しているときに訪れます。この天地有情の実感は何者にも冒されてはなりません。

(2) **天地有情の共同体を守る**　農とは、在所の人間と自然、人間と人間のつながりの母体の上で、天地自然からめぐみを引き出し、いただく営みです。この天地有情の共同体こそが、農が生み出し、守り、これからも引き継いでいく最大のたからものです。

(3) **農本の意味**　農は国家の土台である前に、天地有情の共同体、在所の世界の土台です。これを逆転させることはできません。在所があって、国家があるのであって、その逆ではありません。

(4) **反資本主義**　農に、資本主義の中心命題である経済成長を求めてはいけません。それは、農を支える生きものに、進歩や変化や生産性向上を求めるのが無理だからです。つねに生産性を上げていかなければならないという社会の風潮を認めるなら、百姓仕事に没入することも不可能になっていきます。

(5) **食料生産の限界**　農は食料を「生産する」のではなく、自然からのめぐみをくり返し引き出す人間の営みです。したがって、人間がすべてを管理できるとする工業の「生産の論理」を、農に持ち込むときには特段に慎重に厳重にしなければなりません。

(6) **時代を超えて生きていくもの**　農は、過去から引き継いできたものを責任を持って、未来に引き継ぎます。それが現代にとっては無用に感じられようとも、はるかに長い過去から未来への流れの中で、簡単に葬り去り、途絶することは許されません。また、この引き継ぐ営為への支援を、その時代の社会にも共同責任を負ってもらいます。

(7) **自給の豊かさを失わない**　自然の自給（食べもの、風景の自給も含む）、仕事の自給（技術の自給も含む）、人間と自然の関係の自給などの「自給」を堅持することが天地と社会への責任を果たすことです。分業がグローバル化する時代にあっても、自給することによって、経済的には間尺にあわなくても、非経済面の豊かさを喜ぶことができるからです。

(8)**カネにならない世界を守る意味**　農は、天地自然からのめぐみの一部（食べもの）をカネに換えますが、生きもの、草花、風景、天地との関係などの食べもの以外のめぐみがくり返し持続するかぎりにおいては、それをカネに換えることなく、無償で国民に提供します。資本主義の交換経済とは別のしくみを温存することは大切なことです。

(9)**国民国家の役割**　自然からのめぐみによって生きる生きものの名代として、百姓は、自然のめぐみを持続させる政策を国民国家に求めます。それに国家が応えるようとするかぎりにおいて、国民国家を認めます。

(10)**資本主義への態度**　農が生み出すカネにならない価値を、資本主義の経済成長から切り離して守ることを、国民と国家に要求し、実現させます。この条件付きで、資本主義を認めます。また資本主義が終わったあとの世の中を構想し、その土台を支えます。

(11)**農本主義者の気概**　農本主義者は、これらの「原理」が現世で守られるように、できるかぎり努力します。そのために自分の人生のある部分が失われようと、かまいません。それが達成されなくても、日々百姓仕事の中に「原理」を求めて、歩き続けます。そのことを邪魔されたくはありませんが、そこから得られる世界の豊かさは、惜しみなくふるまい、社会に共有できるものにします。

(12)**世界の様相**　人間は、天地自然の中に浮かぶ農という舟に乗った生きものであり、この舟には人間だけでなく、多くの生きものが乗っているという実感こそが大切です。

ひとつだけつけ加えておきたいのは、農を守るための「原理」とは、具体的な仕事や現象の中に含まれているものです。そこから抽象的な法則や原則を取り出そうとすると、どうしても外からのまなざしによる言い回しに頼ることになります。百姓用語はそういう世界を表現するには不向きなのです。しかし外からの言葉に頼ると、なかなか自分の語りになりません。したがって、無理に「理論」「原則」「原理」などといった難しそうな概念にしようとしないで、具体的な事柄で語るほうがいいのかもしれません。ただ、つねに自覚しておかなければならないことは、「近代とは何か」「資本主義とは何なのか」「国家とはどういうものか」などを問う視点です。もっとも、こういうことばかり考えていると、味気ない日々になるので、百姓仕事への没入と意識的な求道の間を往還することです。

ぜひともあなたなりの「農の原理」を見つけてみてください。

なぜ私たちは「農」の世界に惹かれるのでしょうか。
なぜ百姓仕事に人間らしさを感じるのでしょうか。
一昔前までは、農は時代遅れだと批判され、
百姓仕事は三重苦だと言われていたのです。
大きな変化が始まっているような気がします。
かつての農本主義者が農と百姓仕事をどのように見ていたかを知れば、
その理由がわかるかもしれません。

第四章

百姓は自然とともに近代を撃つ

松田喜一の農本主義

農本主義思想の核になっているもの

ほとんどの農本主義者に共通する思いは、「百姓仕事」への限りない傾倒と情愛です。このことの大切さを実感を込めて、じつにうまく表現した人を紹介しましょう。

松田喜一は一八八七年（明治二十年）年熊本県松橋町に生まれ、一九六八年（昭和四十三年）八十歳で亡くなりました。その私塾「松田農場」は、かつて九州でその存在を知らない百姓はいないとも言われたほど有名な私学校でした。彼は一九二〇年（大正九年）三十二歳のとき、熊本県立農事試験場を退職しその後すぐに「肥後農友会実習所」を開設します。彼の主著『農魂と農法・農魂の巻』に、そのときの決意を「農業改良を叫ぶ者なら日本一杯である。実地に自ら手を下し、論より証拠を示して改良を促す者は皆無にちかい。よし己がやって見せる」と記しています。

しかし、彼は挫折します。「さて、いよいよこれに手を染めてみて、今更のごとく驚いた。百姓という仕事は、外から見るような、そんな生やさしいものではなかった」。最初の農場は数年で立ち退かざるをえなくなります。しかしここからの「根性」が並大抵ではないのです。松田は干拓地に場所を移して、再挑戦し、幾多の苦難を克服して、卒業生二万人、二泊三日の短期講習会には多いときには六〇〇〇人が集まるほどの「私塾」に育て上げ、一九六八年（昭和四十三年）まで存続したのでした。

私は若い頃から、多くの門下生の百姓から松田の教えを聞きましたが、その「精神主義」になじめませんでした。しかし、松田のほんとうの教えは、実地つまり仕事そのものへの傾倒にありました。農業改良普及員として、外からのまなざしが強かった当時の私には、そのことがわからなかったのです。

松田はくり返し、くり返し説いています。「農業を好きで楽しむ人間になれ」と。その極意について松田の著書から抜き出してみましょう。なお、以下は断らないかぎり『農魂と農法・農魂の巻』からの引用です。

> 農作物が図抜けてよくできつつある。朝起きるとすぐに見に行く。今しがた見たばかりである。一時間や二時間の間にそう変わるものではないことは知りつつも、見に行く。夕方はいよいよ廻り道までして見に行く。このように農作物から魂を奪われ、朝は寝て居れないから早く起き、昼は暇がおしくて遊んで居れないから働く、何処に朝起きが辛いか、何処に働きが苦痛か、これらはみな目的物から心を奪われ、己を忘れて、対手本意になっておればこそである。これが「忘我育成」の「農魂」である。

この百姓仕事への没入の楽しさである「忘我」の心境を、戦後の農業教育は見向きもしなくなりました。まさに百姓仕事の世界の「精神論」を語る指導者が少なくなっていた時代に、松田は屹立していたのです。そしてここにこそ、農本主義が「農の原理」を求める道である理由も隠されています。松田は一九六七年（昭和四十二年）に出版した『農業を好きで楽む人間になる極意』でさらに言葉を重ねています。

今の時代では特に、この農魂が必要になってきました。昔と違って、右も左も給料取りばかりで、骨折らずに派手な生活してみせるものが多くなり、その上引き手あまたで、学生の時代から給料取りに誘われつつあります。何ぼ、秀でた学理や機械化農業の道が開けても、また所得を増し、生活水準を引き上げてもらっても、この滔々たる世流の誘惑には、百姓嫌いになるのが人間であります。百姓を好きで楽しむ人間になれば、一切百姓の辛さが無くなり、仕事が道楽になるのであります。働きが道楽なら、「労働時間の短縮」が大迷惑、ことに「いかなる慰安娯楽よりも百姓が楽しみ」の人間には、日曜も祝日も通用しません。

まるで、百姓には遊びも休日もいらないと言わんばかりの言い方に、若い日の私は反発しました。私の頭にあったのは「近代化された労働」で、松田の念頭にあったのは、近代化される前の百姓仕事の深い世界だったのです。現代において、農本主義が復活するかどうかは、この深い世界の魅力によって近代化精神を色あせて見えるようにできるかどうかにかかっています。

仕事は国家から自立する

松田喜一の発言や著作にはけっして「労働」という言葉が出てきません。たしかに、「労働」という言葉で語るようになった途端に、仕事は「近代的労働」になり、経済に換算され、松田の言う世界が見えなくなるのです。

百姓仕事への没入＝作物の手入れへの没入は、我を忘れることになります。この「忘我」こそが松田農本主義の土性骨なのです。松田の言う「農魂」とは、「忘我」によって育っていきますが、二つの様相を示します。

ひとつは、国家権力からの逃避あるいは距離をおく生き方となります。これは前にも引用した「日出でて作り、日入りて息う。井を鑿ちて飲み、田を耕して食らふ。帝力何ぞ我に有らんや」（中国古代の撃壌歌）というような生活が実現しそうな錯覚に誘います。たしかにこれは国家が見えないという錯覚の中での境地かもしれませんが、こうした世界があればこそ、松田は権威にひれ伏すことがありませんでした。さらに支配者の論理である「武士道」にも決然と反撃するのでした。

松田の弟子や受講生たちの中には、松田の思想を「農道」と呼ぶ人も少なくありませんでしたが、ここで松田の「農魂」「農道」がどう「武士道」に対峙していたかを見てみましょう。

長い間農魂を士魂と履き違えた者が居た。（中略）士魂は治国平天下の魂である。茎葉の如く上に昇り、他を指導し、支配する魂である。立身出世ができる人の有する魂である。都会に住む役人達は、大体士魂の人達である。これとは反対に、土から下の根の有する農魂は、修身斉家の魂である。下へ向かって土にもぐり込む魂である。士魂とは違って、根であるから、全然艶消しである。一生世に現れぬ魂である。つまり一生立身も出世もできない者の魂である。（中略）

士魂は直接国家に直属した魂であり、人間対手の魂である。そしてこれが持ち主は、軍人ばかりでなく、支配者、指導者であるところの政治家、教育家、官公吏、皆しかりである。農魂は人間対手ではなく、天地を対手の魂である。そして天地の積み置かれたる無尽蔵の宝を戴いて、国家社会の為につくす魂である。士魂の先生には人間でなれるが、農魂の先生は人間だけでは及ばない。稲が先生、麦が先生、甘藷が先生、牛が豚が、鶏が先生である。天地という先生につかねば、極意はつかめないのが農魂である。

松田の言葉には「武士道」への対抗心がありありと出ています。そして農魂のない人間に限って、「『農は国の大本』なんか言って、百姓でない指導者達が百姓の青年を励ますけれど、なかなかその手には乗らないのである」と切り捨てています。たしかにかつての農本主義者の一部には「農士道」なるもので、なんとか「原理」を「道」として表現しようとした人たちもいたのですが、ほとんど成功しませんでした。それは「道」なるものが、そもそも外からのまなざしであることに加えて、武士道を手本として理論化しようとしたことが原因でしょう。

さらに注目すべきは次の言葉です。

私は長い間、我が身を修めて我家を興すことばかり説いてきたために、一時は個人主義指導者の如く批難されたこともあったが、終戦後は一世を挙げて私の主張に帰って来たので、今ではにわかに大先輩の如くなってしまった。

松田は「忘我育成」の境地を求める方向を個人主義者のように言われ、自分でも肯定していますが、ほんとうにそうでしょうか。松田の我が道を深めていく求道は、個人主義とは別のものでしょう。ここを混同してしまうと松田の教えは、単なる篤農家の養成で終わってしまいます。しかしこの先に歩みを進められなかったからこそ、戦後の農本主義は一度終焉せざるをえなかったのかもしれません。むしろ、今日では、「忘我育成」は個人主義や人間中心主義を超えていく手段として、位置づけ直すべきではないでしょうか。

人間中心主義からの脱却

松田の農本主義の核心である「忘我」が今日あらためて通用すると私が思うのは、自分の命と経済だけを異常に大事にする人間中心主義（個人主義）の対案としてでしょう。

なぜなら松田は「忘我育成」のもうひとつの展開を示しているからです。それは、近代的な経済価値への反撃と伝統的な「天地観」の構築へと向けられています。まず「農魂」は作物に没入する「農技」から生まれると言います。ここでも松田は「農業技術」とは決して言いません。なぜなら「農技」は「農業技術」とは似て非なるものだからです。

農作物は天の恵みをうけて育つのである。つまり農作物ができるのは「天」と「地」の御力である。人間はただ御手伝いをしているだけのことである。故に出来た収穫物の大部分は天地に御礼申さねばならない。

だからこそ、松田は「土つくり」を強調するのです。松田の著書には「自然」という言葉が、ほとんど出てきません。その代わりに使われるのが、「天地」です。「自然」と「天地」は同じものを指しているように見えますが、見方が全く異なるのです。天地とは人間のまわりに広がっていますが、自然は人間がその外側に見るものです。天地は人間を包むが、自然は人間が外側に対象化するものなのです。要するに「自然観」が全く異なるのです。

農業の対手は農作物である。農作物は天地の霊気、霊力で育つのである。故に「農作物もまた天地である」。そしてその天地の力で育つ農作物を、人間が御手伝いをして育てるから、天地と人間とが農作物を通じて完全に握手をして居る。これが農業である。かかるが故に「農作物の心がわかる者は天地の心がわかる者」で、天地の心がわかる者、つまり宗教、哲学、詩的情操、芸術から見れば、都会の華やかな生活も、立身出世も羨ましくないようになる。農作物の心はどうすればわかるか、それは「入神の技」あるものは、みな農作物の心がわかるのである。作物の前に立てば、作物の訴えが聴こえる。声なき声が聴けるのである。農作物と話ができるのである。これが「入神の技」である。故に我々の職業では「農技を通して天地の声が聴ける」のであり、「天地の御心すなわち農魂」であるから、結局「農技なければ農魂なし」である。

この部分は、どうでしょうか。なぜ旧・農本主義が衰えたのか、その理由も見えてくるような気がします。たとえば、私たちは「収量」が高いということを、収入が多くなることだと評価します。これに対して、松田は全く別の評価をするのです。作物がよくとれるのは、農技が入神の域に達してきているからだと言うのです。作物の手入れつまり百姓仕事に没入しなければ、作物の声は聞こえない、という指摘は、痛烈な科学技術批判です。

しかしこれでは、現在の科学教育を受けてきた青年は即座に「非科学的」だと言うでしょう。「理解不能」だと決めつけるでしょう。こうして残念ながら、農本主義の最も大切な精神は「科学」の前に敗戦を重ねてきたのです。もちろん松田は、果敢に「科学」に対抗したのですが。

天地の恩恵で稲や麦が育つという考え方は宗教である。科学的に言えば、太陽も、空気も、土壌も、水も物質でしかない。しかしいかなる科学も、未だ人間はもとより、虫一匹も造ることはできない。すなわち「生命」ということに及べば科学では、虫けら一匹がどうにもならぬのである。ここに人間の及ばぬある霊体がある。実際神様とて言わなければ始末がつかない無形のものがある。それが天地の中に充満しているから、私どもはこれを天地天地と言っている。私どもが生きていくのは悉く天地の御恩である。（中略）
　思えば天地の御恩は想像も及ばぬほど偉大であるが、それが全く無代である。

こういう世界の表現を「非科学的」だとして退けてきたのが、日本農学でした。しかし、松田の教えが多くの百姓を引きつけたのは、いくら近代化されても近代化できないもの、いくら科学が発達してもつかめないもの、つまり「天地のめぐみ」としか言いようのないもの、近代的な人知では解明できないものの所在を実感していたからではないでしょうか。それが、ほんとうにそんなに簡単に滅びたと言っていいのでしょうか。

百姓の五段階

松田は、「農魂」の表現方法として、百姓を五段階に分けています。

(1) **生活のための百姓**　ほとんどの百姓は、人生の目的を享楽においているから、カネが目的となって、生活のための百姓にとどまっています。もちろん松田は「生活」を軽視してはいません。しかし「生活は低くせよ」と呼びかけます。生活よりも生産（仕事）を楽しめと言うのです。

(2) **芸術化の百姓**　「芸術化」であって「芸術家」ではありません。農業の「芸術味」を解する百姓になれと言っています。芸術とは表現の技であるから、農技を「入神の技」に高め、「我らの芸術は、農作物や家畜をもって表現し経営するのである」と言うのです。

(3) **詩的情操化の百姓**　松田の気持ちは天地への没入に向かいます。「さらに百姓の薫りが高いのは、田園の詩的生活に入った人である。天地の自然美と融けあうことができる人間である。詩的とは、一切の現実を離れて、自然の環境に空想する心の姿である。大自然に酔うがごとき気持ちである。春夏秋冬の田園風景の変化は、さらに我らの情緒を濃かならしめ、林に歌う鳥の声も、草野にすだく虫の声も、神の奏でるとこそ聴かれるのである」。

(4) **哲学化の百姓**　「天地の声なき声を聴く百姓になることである。我らの職業が天業翼賛であり、御対手が天地であるからには耳聾てて聴けば、必ず天地の声が聞こえる。天地の声のことを『真理』と言い、これを発く学問が哲学である」。この天地の声を表現しようとしたところが、松田が魅力的な農本主義者になれた理由だと私は思います。(1)～(3)まででは、「主義」ではないからです。

(5) **宗教化の百姓**　百姓には「信念」のごときものが必ず生まれます。その信念を「天のめぐみ」

によって表現すれば、人に伝え教える「松田教」になるのです。「百姓の最高峰は『天業翼賛の百姓』である。神様の御手伝い以上のものはないはずである。この心がすなわち『宗教』である。霊ある農作物や、動物が、芽が出たり、生まれたり、育ったり、それが悉く、天と地との霊力による事だけは誰が考えてもわかるだろう」。

そして最後に松田はきっぱりと言っています。「以上五根を併せ得た者が真の『百姓』である。生活だけなら二十姓でしかない。早く四十姓に進め、六十姓に届け、八十姓に昇れ、そして百姓に座せねばならぬ」と。

旧・農本主義の終焉

ところが高度経済成長時代になると、松田が最下段に置いた「生活のための百姓」が、堂々と農政の目標とされるようになりました。さまざまな表彰事業が「経済」を対象にして盛んになり、カネという尺度が横行するようになっていきます。それにつれ、百姓の耳に「天地の声」は聞こえなくなり、村から、芸術も詩的情操も哲学も宗教もそして「農魂」も薄れていったのです。その真っ只中の一九六八年（昭和四十三年）七月三十日、松田喜一は、折から松田農場に視察に来ていた一五〇人の農業高校生に、いつものように「裸足、半ズボン、半袖シャツ姿」で、野外で「工業国の農民の自覚」を一時間半、声量高く講義した直後、倒れてこの世を去りました。そしてこの空前絶後の農本主義私塾は幕を閉じたのです。

しかしなぜ、松田の農本主義は「経済」に破れたように見えるのでしょうか。戦後の農業近代化で目標に掲げられたのが「貧しさからの解放」と「苦役労働からの解放」です。松田は「貧しさからの解放」に対しては「生活は低く、事業（農業生産のこと）は高く」というスローガンで対抗しました。つまり「入るに見あった支出を」というわけです。松田農場ではあえて貧しいくらしを体験させせました。

「苦役労働からの解放」に対しては、「百姓仕事が道楽なら、『労働時間の短縮』が大迷惑、ことに『いかなる慰安娯楽よりも百姓が楽しみ』の人間には、日曜も祝日も通用しません」と、仕事の喜びで対抗したのです。だから松田農場では、体を鍛えることを基本としていました。

しかし、松田が説く「農の原理」を重視する生き方は近代化に、表面的には敗北を喫していくことになります。「経済成長」と「農業の近代化」に対抗できなかったのです。その理由はどこにあったのでしょうか。

私たち現代人は、労働の成果を、そこから得られる「所得」ではかります。労働の質を、労働時間や労働強度ではかるのです。つまり、同じ労働ならば、得られる所得が多く、得られる所得が同じならば、労働時間は短く、労働は軽いほうがいいと思い込んでいます。しかし福岡県の農業改良普及員にアンケート調査をすると、「好きな仕事ができるならば、所得が三〇％下がってもいい」と回答する人間は過半数を超えます。このことを見ると、労働近代化の論理に疑問を感じている日本人も少なくはないことがわかります。

松田は、近代的な労働観に毒されてはいませんでした。だから労働ではなく「仕事の成果」を作物の出来ではかり、「仕事の質」をその喜び・充実ではかろうとしました。このように言うと、仕事の喜びも、作物の出来ではかっているではないか、そして作物の出来は、それで得られる収入・所得ではかることに不可分につながっているではないか、と疑問に感じる人もいるでしょう。

松田の百姓の五段階は、前に紹介しましたが、⑴生活のための百姓、⑵芸術化の百姓、⑶詩的情操化の百姓、⑷哲学化の百姓、⑸宗教化の百姓、です。ここで、⑵よりも⑶を上位に置いていることに着目したいのです。⑴は言うまでもなく、⑵も所詮カネになる世界です。立派な作物が芸術作品だ、と言うのですから、まだ⑴とともに自分が中心です。ところが⑶以下は、カネにならない世界です。「天地」が主体になっていきます。とくに⑶は「自然に融けあい、自然に酔う」と言うのですから、百姓仕事ならではの境地です。つまり、松田は仕事の質をもちろん作物の出来でもはかってはいましたが、それ以上に「天業翼賛」の境地ではかっていたのです。

それにしても、近代化とは残酷なものです。経済成長は、日増しに「生活程度」を上げていきます。「貧しさ」にも、「重労働」にも耐えた農本主義は、この経済成長に対抗できなかったのです。私はこういう時には、すぐ宮沢賢治の言葉を思い出します。「曾つてわれらの師父たちは乏しいながら可成楽しく生きてゐた。そこには芸術も宗教もあった。いまわれらにはただ労働が、生存があるばかりである」(『農民芸術概論綱要』)。

賢治を苦しめた農村の「貧困」は、その後どうなったでしょうか。山下惣一は第三章で紹介したように、処女作『野に誌す』で「農村は貧しさには強かったが、経済的な豊かさに弱かった」と見抜いていました。

「日本農業」の、貧しさからの解放、辛くてきつい非人間的な重労働からの解放という近代的なスローガンが目指したものは、都会のサラリーマン並の「賃金」と「生活レベル」でしかありませんでした。そこには、いつのまにか百姓仕事の大切なものが、表面的には影も形も見えなくなってしまっています。今、松田の言説と山下の眼力がじつに新鮮に思えます。ということは、農本主義再生の可能性が出てきた、ということでもあるでしょう。

しかし、山下惣一は松田喜一を「人生の師」として敬愛しながらも、たびたび私に「精農家や篤農家と呼ばれる人は、農業技術や農業経営には秀でているかもしれないが、自分の世界に閉じていて、それが社会の影響を受けていることに鈍感だ。だから農政に無視されるか、利用される」と言いました。

「天業翼賛」の境地では、なぜ作物の出来（収量・所得・経済）に対抗できなかったのでしょうか。山下はいわゆる「篤農技術」には社会的な視野が欠けていることに原因を見ています。これはとても重要な指摘です。農本主義が復活、再生するためには、農本主義の最大の原理である「自然への没入」という百姓仕事の喜びだけでは、近代化社会の潮流に対抗できないということです。外からのまなざしも援用しながら、近代化と資本主義を問い詰め、ナショナルな価値の在り方を問わないなら個人主義に陥ってしまうのです。このことは次の第五章でしっかり考えることにします。

「天地自然」を思想的な武器にする

新しい思想的な武器

　それにしても、戦後の経済成長と科学的な精神に負けていったように見える農本主義者が、長生きしていればきっと喜んだのではないかと思います。なぜなら、やっと資本主義と科学に対抗する手立てが見えてきたからです。その代表を三つあげるならば、⑴農的なくらしの豊穣さ、⑵天地自然へのあこがれ、⑶百姓仕事の人間らしさ、でしょう。そしてこれらを包含するのが「天地有情の共同体」です。

　⑴は、食べものをはじめとしたくらしの手立ての「自給」の豊かさで代表されるものです。⑵も、身近な自然は「自給」するしかない、と気づいたときに輝いてきたものです。⑶は、百姓仕事の知恵や伝統だけでなく、自然への没入などの喜び、生の充実、生き甲斐の「自給」だと言い換えてもいいでしょう。自立した、独立不羈（ふき）の生き方の土台は、百姓仕事にあるからです。

　もういまさら言うまでもないことですが、ここで言う「自給」とは、国家の食料「自給率」とは何の関係もないどころか、対立するものです。「自給率」はカネつまり近代的な価値に換算できますが、右記の(1)(2)(3)の核となっている「自給」は、近代化の中でカネにならないものとして、否定されてきたものであり、数値で表現しにくいものです。これをもう少し思想化するなら、反近代への志向と脱近代への賭け、と言ってもいいでしょう。

この新しい「農の原理」を死守することで、これ以上の農の衰退に歯止めをかけようとする試みが新しい農本主義なのです。私が、農が生み出す「自然」の価値をことさらに表現してきたのは、農本主義の再生を後押しするためでした。新しい農本主義の思想的な武器として、(2)の「天地自然」の奥深さを理論化したかったからです。そして自然を支えてきて、自然と不可分な(1)と(3)を守りたいからです。

この三つの原理の母体は天地有情の共同体です。近代化・資本主義に対抗できる「農の原理」は、国家の手中にはなくて、在所にあるもので、百姓仕事の相手であり、母体である天地有情の共同体の、その中にちゃんとすわっているのです。そこで、この「天地自然」をしっかり抱きしめ、この「天地自然」に抱きしめられる方法をものにしてみましょう。

池の中に鮒は戻れるか

そのためにはもう一度、「天地」と「自然」の違いを確認するところから始めましょう。

江戸時代まで、日本語の「自然」には「自然環境（Nature）」という意味はありませんでした。

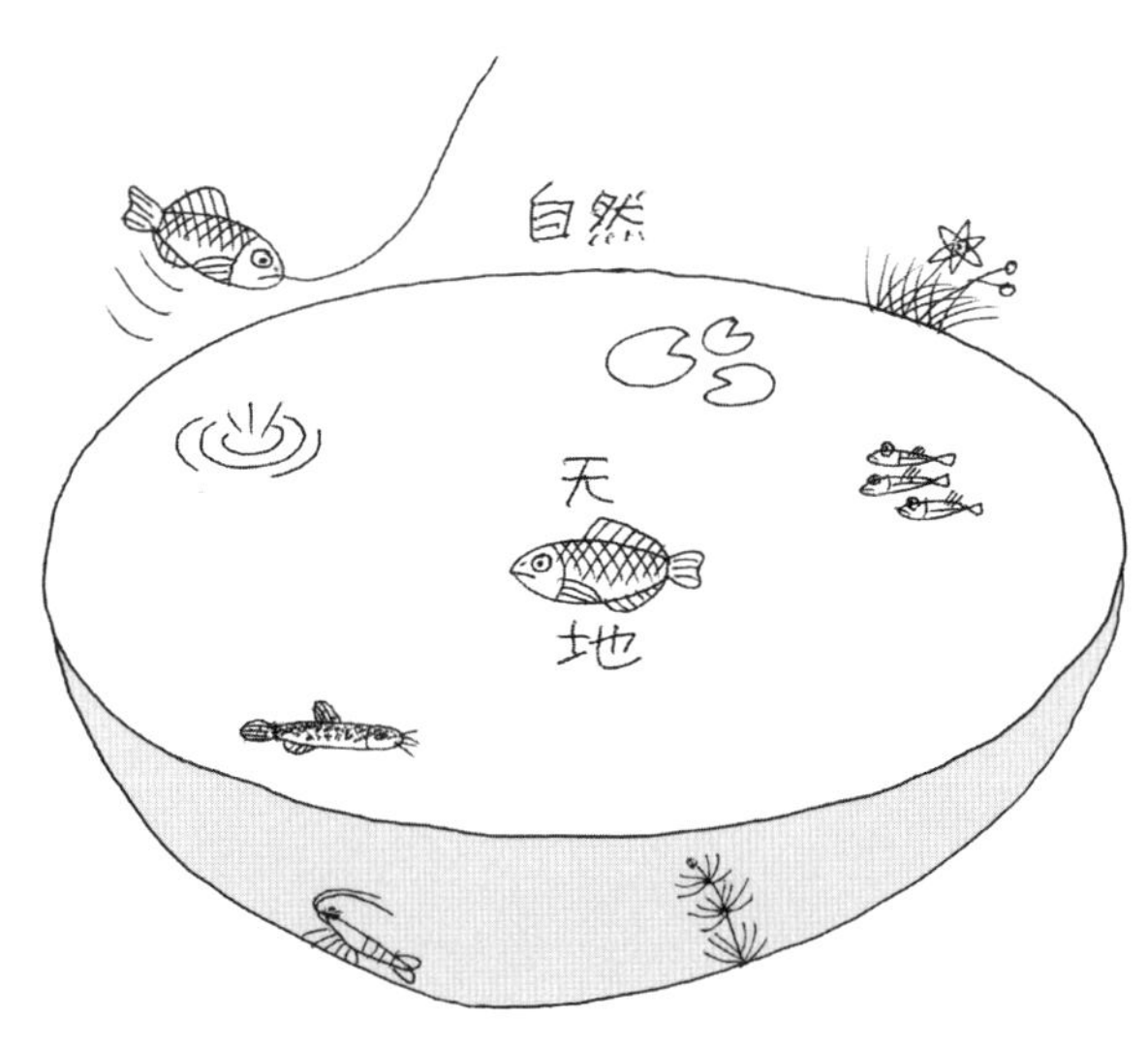

図4　「自然」が見えない鮒と、「自然」が見える鮒

自然な、自然に、自然の、という言い方をするときの意味しかありませんでした。その理由は、人間と自然を分けていなかったからだ、と言うしかありません。Natureの翻訳語としての自然は、神や人間や人工物以外を指す翻訳語として明治二十年代に広まりました。ところが日本人は、翻訳語としての「自然」についても人間も含む言葉として理解している人が、現代でも多いのです。たとえば「人間も自然の一員である」という言い方に、賛成する人が圧倒的に多いのです。

つまり日本人は、自然を外側から見ることがなかった時代の感覚をいまだに引きずっているのです。そこで「自然（Nature）」を池にたとえてみます。池の中の鮒に池の外形は見えるでしょうか。池の中のことは隅々まで見えていますが、池の外からの眺めは見えません。つまり自分が生きている世界が「池」だということを意識することはありません。池の中が世界のすべてなのです。池の中のものとの関係がすべてであって、池の外形などはどうでもいいのです。

かつての日本人はこの鮒でした。池を意識することはなかったので、池（自然）と自分を分けて、池を「自然」と言うことはありませんでした。それに変わる言葉としては、鮒（人間）も含んだ池全体を「天地」と呼んでいました。すべてが内からのまなざしからの見方だったのです。

ところが、池の外に釣り上げられる鮒が明治時代になると現われるようになりました。たしかにそこからは池の形はよく見えるようになり、「自然」という言葉も頻用するようになりましたが、池の中に住んでいたときの情愛の豊かさも池の中の生きものとの一体感も希薄になっていきました。何よりもたまには池の中に戻ろうとする気持ちが失せてしまっています。現代では、鮒のほとんどは池の外で生活しているように見えます。

ところが、百姓は百姓仕事に没入するときに、池の中に戻れるのです。内側から池を見ているのです。このときの心地よさは忘れがたい、と誰しも思っています。池の中の鮒になった人間は、外からの客観的で分析的な視点を忘れ、深くて豊饒な情感と情愛に包まれることになります。その一体感をカネにしようとは誰も思わないし、ましてこの一体感を近代化しようとは思いませんでした。今日では町の住人までもが「市民農園」で池の中に戻るひとときを確保しようとしています。これは面白い現象ですが、それほど池の外からの殺伐とした見方に嫌気がさしているのでしょう。

科学が、そして資本主義が発達したのは、池の外から池の中を分析する視座を手に入れたからでしょう。自分と相手との関係性を振り捨てて、池の外から、池の中を冷静に客観的に分析して記述するという科学は西洋人の大きな発明品でした。それは西洋由来の「自然（Nature）」概念の上に花開いたものでしょう。一方日本では、自然を外側から客観的に見る見方が発達しませんでした。このことはけっして不幸なことではありません。私たち現代人であっても、自然概念を身につけながらも、まだ自然の中に戻ることができるのはこのことによるのですから。

そこで私が気づいたのは、カネにならないものの多くは、池の中からのほうがよく見えるということです。自然環境はもちろん池の外から見るほうがよく見えます。科学がその最たるものです。しかし、それは自然という全体的な事象であって、個々のカネにならないものは、むしろ池の中の鮒のほうがよく見えるのです。その証拠に、近代化される前のかつての百姓は（現在の年齢では九十歳以上）生きものの名前を六〇〇種も呼んでいた人は珍しくなかったのに、現代の百姓は一五〇種以下です。外からの見方は、内からのまなざしを衰えさせ、そしてそれに代わるものを一人ひとりの百姓には用意せずに、科学的な知見として、どこか私たちの手の届かないところに蓄積しているにすぎないのです。それは「専門家」に独占されている、とも言えるでしょう。

カネにならないものを資本主義の後の時代に花咲く価値に育てていくためには、こうした外側からの衰えて干からびたまなざしには頼れないでしょう。たしかに、鮒は資本主義と経済の発展とともに池の中から外へと出てきたかもしれません。しかし、鮒はまだ、池へのまなざしや情愛を失ってはいないのです。もともとの池の中からの豊饒なまなざしを、取り戻すために、池の中に戻らなくてはならないでしょう。

なぜ「自然」に惹かれるのか

私たちは「なぜ、自然に惹かれるのか」と問われると、ひとまずは答えることはできるでしょう。「自然は気持ちいいから、ほっとするから、きれいだから、人間とは違うから」などという答えが並びます。百姓なら、「生きものでいっぱいだから、自然に没入できるから、いつもそこにあるから」などという答えが出てくるでしょう。でもなぜ、ほっとするのか、きれいなのか、生きものがいっぱいなのか、没入できるのか、とさらに突っ込まれると答えに窮します。そして「それが自然だから」と答えざるをえなくなります。

これは奇妙なことです。「なぜ自然に惹かれるか」と問われて、「それが自然だから」と答えるしかないのですから。最初の惹かれる自然は、名詞です。あとの自然だからというときの自然は、自然にそうなるという副詞でしょう。「自然」は、「自然な、自然に、自然のまま」にあるから、自然なのです。

自然（Nature）という言葉の語義に厳密であるならば「人間も自然（Nature）の一員である」という言い方は、間違っています。なぜなら、自然（Nature）とは、神と人間と人工物以外を指す言葉なのですから。それにもかかわらず、私たち日本人は、人間も自然の一員だと思っている人のほうが圧倒的に多いのは、自然と人間を分けるNatureの意味の自然という言葉を知らず、自然に包まれて暮らしていたときの心情をまだ引き継いでいるからなのです。

つまり私たちが「自然に惹かれる」と言うときの「自然」とは、Natureではないのです。それは「天地」の意味ですし、また「自然な、自然に、自然のまま」という意味も同時に含まれているのです。したがって先の問いに対する答えは、さまざまなものがありうるのです。それをすっきりまとめると三つになります。

(1) 文字どおり自然環境（Nature）自体がいいのです。動物や植物などの生きものが生息している自然環境自体がいいのです。

(2)「自然なさま」に惹かれる、ということです。これは「自然な、自然に、自然のまま」という言葉の意味に惹かれる、と言い換えてもいいでしょう。自然は自然なままだからいいのです。

(3) 三つめの答えは西洋人に多いものでしょうが、「神が造ったものだから」というものです。西洋のNatureに神と人間が含まれないのは、神が人間と共に（人間のために）創造したものだからです。（原生）自然に神の御心を見るのは、キリスト教の見方なのです。

ここでは、(1)と(2)を掘り下げてみましょう。しかし、これが簡単ではありません。

(1)については、なぜ「自然環境」に惹かれるのでしょうか。いちばん的を射ている答えは、それが「人間ではないから」というものです。自然は人間以外を指すのですから、西洋人に言わせれば、答えになっていない、と批判されるでしょう。しかし、日本人はこの答えで納得する人が多いのはどうしてでしょうか。それは、次の答えではっきりわかります。

(2)の「自然な、自然に、自然のまま」はなぜいいのでしょうか。これに対する答えは、もう昔から言い古されてきました。「人間のような欲がなく、悩みがなく、とらわれがないからだ」「没入すると自分をも忘れることができるからだ」というものです。なんと、(1)と同じではないですか。昔の日本人はNatureという意味の自然を知りませんでしたから、「自然への没入」という言い方も知りませんでした。しかし、「自然な、自然に、自然のまま」とはどういうことだろうか、と必死で「自然」の本質に迫った人がいました。その人たちの答えを聞いてみましょう。

まずは、安藤昌益の刊本『自然真営道』に門弟の静良軒確仙が寄せた序の冒頭部分の引用です。自然なこととは、

それ古人の自然と謂へること、人智の察慮・量測すること能わざるに至れども、行わるる所在る、これを自然と謂う。故に世を挙げて所謂自然とは、人智の測ること能わざる者と推し究めて、感在りて測り知ること無きに至りて、自然となす。

というものなのです。人間の力ではわからないが、そこにあるのだから、すごいものだと言うのですから、そうだろうな、と思ってしまいます。

もう一人有名な日本人の考えを引用しましょう。

無上仏と申すは、形もなく申します。形ましまさぬゆへに自然と申すなり。(中略)こ

の自然のことは、常に沙汰すべきにあらざるなり。（親鸞『自然法爾書簡』）

親鸞は「自然」とは、無上仏（阿弥陀仏）の呼び名だと言っているのです。なぜなら、無成仏には形がない、形がないから仏の名前には「自然」がふさわしいと言うのです。そしてこのことは沙汰（議論）することではない、と言っています。もちろんこの「自然」はNatureではありません。ところが渡辺京二はこう言っているのです。

私は親鸞の前に、阿弥陀仏はかならずや、山河のすがたをとって現れただろうと信じる。また人間の生きる姿の悲しさとして現れただろうと信じる。親鸞にとって阿弥陀仏とは、人間も含めたこの世界が語りかけてくる声ならぬ声に外ならなかった。つまり彼は絶対的救済者の現前を、たしかにひとつの肉感として覚知したのである。しかも、おのれの思惟や行為をこえた、向こうのほうからやってくる他力としてそれを感受したのである。（『日本近世の起源』）

そう言われれば私のような凡人も山河を前にすると、西洋のNatureとは違った自然の力を感じるものです。渡辺は親鸞が「すでに救済されているもうひとつの世界の相」の覚知として、山河の自然さになぞらえたのでしょう。はっとさせられる言葉です。いずれにしても、かつての日本語の「自然」とは人間がいろいろと詮索するものではなく、ただ存在を感じていればいいものだったのです。それが西洋からやって来た「自然（Nature）」になると、人間が対象化して、あれこれと形を測ったり、沙汰（論議）したりするようになっていくのです。たしかにNatureの意味の「自然」はとても表現しやすいものになり、「自然に没入する」などという言い方も普通にされるようになりました。この両者は別物なのですが、いまだに日本人は無意識に重ねてしまうのです。たぶんこれからもそうでしょう。

さて、「なぜ人間は自然に惹かれるのか」ともう一度、あなたと私に質問してみましょう。答えは「それが（人間の力ではどうしようもない）自然な自然だから」というものになるでしょう。

なぜ「自然」という言葉が好きなのか

現代人は自然をNatureの意味で受けとる場合のほうが圧倒的に多いでしょう。生きものが生きものらしく生きている場所、生物多様性が守られている環境、自然の風景が美しい空間というイメージが湧いてくるものです。しかし、そうであっても、そういう場所や環境や空間は「自然な、自然に、自然のまま」にあるものだという思い込みを振り払うことはできません。これはNatureの翻訳語であっても「自然」という日本語を使う以上は避けられないことなのです。それほど、本来の自然という日本語の意味を振り払うことは難しいことなのです。

しかし、ここで気になるのは、もともとの日本語などと言っていますが、この「自然」は中国から入って来た、これもまた輸入語なのは言うまでもありません。つまり伝統的な日本語の「自然」

は中国からやって来た意味を受け入れているのです。そこで中国での「自然」の歴史を簡単にひもといておきましょう。
中国では老子や荘子などの道教系の思想家が「自然」を多用したことは有名です。さらに仏陀が説いたことを記録した「お教」を中国語に翻訳するときに、原典にはないのに「自然」という言葉が多数当てられていることも、明らかになっています。どうやら私たち日本人が「自然」が好きなのは、老荘思想と仏教に原因があるのです。
溝口雄三の『中国の「自然」』によると、中国語の「自然」は「道家系の人々の間で天や道によっては端的に示しえないある観念を指示すべく、戦国末期に作られ用いられはじめた」のだそうです。その代表例を『老子』から引用しておきます。

帝王は、人類の支配者として大地の在り方に法(のっと)ってゆき、
大地はさらに天の在り方に法ってゆき
天はさらに道の在り方に法ってゆく。
そして、道の根本的な在り方は自然ということであるから、
道はただ、自然に法って自在自若である。

川崎謙はこの部分を次のように要約しています。「帝王とは人類の代表という意味でもありますから、自然は人類究極のお手本であって、『自在自若』がその本質です」(『神と自然の科学史』)。

さらに、日本人に大きな影響を与えた仏教の中でも、禅宗に「自然」という思想が濃厚なのはよく知られていますが、このことについて森三樹三郎は『「無」の思想』のなかで、注目すべきことを言っています。浄土教のよりどころである浄土三部教の一つ「大無量寿経」には、「自然」という語が五十数回も使われているそうです。それは「大無量寿経」が漢訳された三世紀は中国では老荘思想の黄金期だったので、漢訳者がしらずしらずに当時の流行語を取り入れた、とみています。この「自然」はサンスクリットの原文には見当たらないそうですから、仏教に老荘思想が入り込んだのは間違いないでしょう。それが、前に引用したように、親鸞にも引き継がれて、深められたのです。

しかし、たぶん日本人の多くは、これまで述べてきたようなことを知りません。しかしいくら「そんなものの影響ではなく、私は私自身のとらえ方で自然が好きなのだ」と言い張ったとしても、「自然」という言葉を使っている以上、やはり影響を受けているのです。これはなかなか悩ましいことですが、受け入れざるをえないでしょう。

仏教の教えでは、人間に煩悩がある限り、人生の悩みはつきないから、煩悩を忘れることを勧めます。自分が自分がオレがオレがという気持ちを捨てて、自分を忘れてしまうなら、悟りの境地に達することができると言うのです。

そこで、どうしても道元を引用しなくてはならないでしょう。

自己をはこびて万法を修証するを迷とす。万法すすみて自己を修証するはさとりなり。

仏道をならふといふは、自己をならふなり。自己をならふといふは、自己をわするるなり。

自己をわするるといふは、万法に証せらるるなり。（『正法眼蔵』「現世公按」）

森三樹三郎の解説は、「人為の主体である自己の力によって万法を明らかにしようとするのは迷いであり、万法のほうから自己が照らし出されるのが悟りである。作為の主体である自己を忘れ、万法の光に照らされるという受け身の境地になったとき、はじめて悟りがあらわれる。それは完全な主体性の放棄であり、無為自然の境地である」（『「無」の思想』）というものです。

ここで「万法」について、説明しておきましょう。「諸法実相」という仏教用語があります。「諸法」とは「万法」のことで、私たちが経験する諸現象のことです。「実相」とは「真実の姿」のことです。西欧自然科学では、さまざまな現象（諸法）から科学的な法則を発見することによって、実相に肉薄する方法をとります。これに対して道元はまったく別の立場から「諸法実相」を「実相は諸法なり」と読んだことで有名です。つまり道元を代弁するなら、目の前の世界（諸法・万法）を私たちはただ五感を働かせて、深く経験すればいいということです。実相（真理）は法則のかたちで隠れているのではなく、ありのままの世界なのです。科学は迷いということになります。

これでは現象（諸法・万法）から（創造主の神意である）真理法則を発見するという「科学」が発達するわけがありません。しかし、この科学ではないとらえ方こそが、中国由来の「自然」という語に含まれていることをもう一度確認して、先に進みましょう。

なぜ「自然への没入」はすごいのか

私は「悟り」というものを開いたことはありませんし、また悟りの境地は言葉では伝えにくいもののようですから、それを「自然への没入」という言葉に代えて、つまり百姓に引きつけて考えを進めていきます。

もちろん「自然への没入」と言うときの「自然」は一応はNatureの意味だと考えると、くり返しになりますが、昔の日本人はこういう言い方はしませんでした。これはいちはやく西洋の思想や文学に馴染んだ知識人の言いぐさにすぎなかったものです。この場合の自然とは、人間の相手であり、人間とは別のところにあります。自然の中に入っていくと、自分を忘れるくらいに百姓仕事に没頭してしまうことができるのがすごい、という表現ができるのは、西洋から輸入した「自然概念」の活用の、「自然」を対象化することの一例です。

それに似た境地を、すでに日本の仏教はとっくに開拓していたのです。それは人間の悩みを「不自然な」状態だととらえ、「自然な」状態の人間に戻していくことを意味しています。したがって、「自然に没入する」ことは「自然（な状態に）に帰る」ことを、日本人なら想像します。「土に帰る」「大地に帰る」そして「自然に帰る」と言うときの、土や大地や自然は、一見名詞の具体的なもののように思えますが、そうではなく形のない大きなもので、人間の力ではとらえることができないものなのです。

ところが西洋人的な発想に近づいてしまった現代の日本人は、これを文字どおり「自然環境への没入」つまり「自然と一体化して、我を忘れた状態」と表現します。たしかに、百姓仕事に没頭しているときには、我を忘れ、時を忘れ、いる場所を忘れ、何もかも忘れていて、ふと気がつくと、「もうこんな時間か」ということはしょっちゅうあります。そして我に帰った名残の中で周囲を見渡すと、そこにあるのは自然な自然ですから、そうかこの状態は「自然への没入」と言えないこともないな、と思うのです。

しかも、このひとときはいいものだと感じるのです。それを「百姓仕事の喜び」「天業翼賛の境地」「百姓ならではの境地」などと表現し、労働や労働時間や効率などに対抗させ、百姓仕事の世界を守ろうとしたのが、旧・農本主義者でしたし、これからの新しい農本主義者もそうです。

しかし、ここで直面する難題は、たしかにそうした百姓仕事のすごさを農本主義者たちは原理の一つに仕立て、近代化社会を問い続けたのに、松田喜一のようになぜ最終的には、近代化精神に破れることになったのか、ということです。このことは、次の章で答えを出すことにします。

百姓仕事と宗教

百姓仕事ほど、生きものを殺してしまう仕事はありません。田を耕せば、草を殺し、ミミズを殺し、越冬している蛙を殺します。代掻きすれば、虫を溺れさせ、草を殺し、稲刈りすれば、稲を殺し、稲についていた虫を殺します。間引きすれば、作物を殺し、選種すれば、種を殺し、転作すればとんぼや蛙を殺し、農薬を散布すれば、生きものを殺します。

これほどおびただしい生きものを殺しておきながら、天罰が下ることもなく、祟りがあるわけでもなく、この殺生を苦にして自殺した百姓も知りません。これは一体どうしてでしょうか。どんなに殺生しても、また草は生えてくれるし、生きものはまた生まれてくれるからでしょう。それというのも、百姓仕事は農薬の登場までは、生きものの息の根を止める（根絶させる）ことがなかったからです。

このことはどんなに感謝しても、感謝しすぎることはありません。では誰に、何に感謝すればいいのでしょうか。

それは天地に向けて、頭を垂れるものでしょう。百姓は作物である生きものをつくることはできません。それは天地からのめぐみとして、受けとるしかありません。せいぜいありがたく引きだしてくる技能を鍛えるしかありません。その天地の一部を人間ができる範囲で、豊かにできたことに満足することの幸せがあるだけです。

この天地に包まれて、生かされているという感覚は、いつの間にか百姓が身につけたものであり、この感覚こそが、日本の神道や仏教やさまざまな新興宗教に取り入れられ、注ぎ込まれてきたと言っていいでしょう。私たちが、さまざまな宗教に親近感を抱くのは、ここに原因があります。

かつての農本主義者たちの少なくない人たちが、フランスの画家ミレーの「晩鐘」を好みました。夕暮れが迫り、教会の鐘の音に合わせて祈りを捧げる百姓の夫婦の絵は、当時トルストイに惹かれた農本主義者への影響かもしれませんが、日本の百姓の感性にも合うもので、現代でも「種まき」

「落ち穂拾い」と並んで、人気のある絵です。

ところで、「落ち穂拾い」の絵で落ち穂を拾っているのは貧しい人たちだという話は有名です。落ち穂は百姓が拾わずに残しておいたものなのです。

じつは私はこれはキリスト教だけの習慣だろうと思い込んでいたのです。神のめぐみである麦を、貧しい人にも分け与える精神は、自然は神が創造したとするキリスト教ならではの価値観だろうと思っていたのです。ところが一〇年ほど前に、近在の村で当時九十三歳になる年寄夫婦から話を聞く機会があったので、落ち穂拾いの話をしたら、「田んぼの落ち穂拾いは、百姓はしてはならないしきたりだった」と言うのです。

稲刈りが終わる頃になると、知らない人が袋を持って畦で待ちかまえていた、という話に私はほんとうに驚いてしまいました。ここには近代的な所有や生産の論理ではないものが、くらしを貫いています。こういう自然共同体は、天地自然のめぐみの下で、国民国家とは別のところで形成されているのです。すでに希薄となってはいますが、この天地有情の共同体に依拠して生きていく精神は引き継がなくてはと思います。

宗教はまったく異なるのに、遠く離れた国なのに、洋の東西を問わず、百姓には共通の感覚があるのだと実感させられます。これはたしかに「農の原理」であり、パトリオティズムの発露そのものです。資本主義や国益とは無縁に、価値や有用性を超えたところに流れている地下水のようなものです。

これは「宗教」と呼ぶこともできるのではないでしょうか。ところが、戦後の「運動者」は宗教を怖がります。それは思想団体（党派）と似たような扱いをしたがる習性なのでしょう。「宗教になっては、ダメだ。ついて行けなくなる」という忠告を私はたびたび受けてきました。しかも戦後の運動団体は「科学」的な裏付けが好きですから、なおさら宗教を科学と対極にあるものにしたがるのです。

でもそう言われると、農本主義も宗教に近いのかもしれません。宗教では「教義（教理）」と言われるものが、農本主義者では「原理」ということになります。

しかし農本主義的な宗教とは、かつては天理教の中山みきや大本教の出口なおに代表されるように、在村の百姓によって、しかも女性によって産み落とされました。それは百姓が天地に包まれて暮らしていたからではなかったでしょうか。彼女たちは人間と人間以外の世界との垣根が低かったのです。したがって、人間と神との垣根も低かったのです。

藤原辰史の『稲の大東亜共栄圏』は面白い本でした。とくに高名な農学者である寺尾博が一九三六年（昭和十一年）に百姓を前に江戸時代の宮崎安貞の有名な『農業全書』の次の箇所を引用して、百姓に講演した場面が印象的でした。

それ農人耕作の事、その理り至りて深く稲を生ずるものは天なり。これを養うものは地なり。人は中にゐて天の気により土地のよろしきに順ひ、時を以て耕作につとむ。もしその勤なくば天地の生養を遂ぐべからず。

農業技術は「天地生養の道を立てるための手段であって、感謝すべきは技術にではなく、天地の理法に、すなわち神様に対して有り難いと思わなくてはならない」という主旨です。

これに対して、三十代の藤原は寺尾を「宗教家のようにふるまっている」とコメントしています。なるほどと思いました。戦前の百姓にとっては、自然を外から見る自然観はまだまだ浸透しておらず（Natureの翻訳語としての「自然」はまだ農村までは普及してはいませんでした）、そのことを農学者も知っていて、また彼自身もまだまだ旧来の自然観を捨てきらずにいて、このような講演をしたのでしょう。それに対して戦後生まれの人のほとんどは、こういう自然観はまるで宗教のように感じるのです。

私はハッとしました。農本主義が宗教に近いのは、百姓が自然に没入し、その自然と一体になる境地を言葉にするからです。それは自然という概念が西洋から入ってくる前の前近代の日本人の「天地観」と同じだからではないか、と気づいたのです。それは自然の内からのまなざしが優位だった時代のことです。

つまり、この天地観を科学に対置すると非科学＝宗教になるのです。現代に特有の科学万能の視点では、農本主義も宗教に見えてしまうのです。これを誤解されていると思わずに、近代を超えていくための道程だと考えてもいいでしょう。それにしても、現代の人間が自然を外側から見下ろす自然観と、近代化される前の人間がその内側から見上げる天地観と、どちらが幸せな姿かと問われているような気がします。ひょっとすると現代の自然観のほうが気の迷いなのかもしれません。

松田喜一の言葉をもう一度かみしめておきましょう。

信仰は理屈ではないから、実に厄介である。しかし、霊ある農作物や、動物が、芽が出たり、生まれたり、育ったり、それがことごとく天と地との霊力によることだけは誰が考えてもわかるであろう。きしる機械の音の中で生活する職業でなく、紅塵の街に軒を並ぶる職業でもなく、対手が天と地の御力営む職業であるから、百姓で信仰心が生まれなければ、外にはこれを養う途はないのである。（『農魂と農法・農魂の巻』）

これが、百姓がすべからく宗教家になっていっても少しもおかしくはない理由なのです。現代社会は自然への渇望が満ちています。だからこそ百姓は、人間の力を超えて存在している天地の息吹と安らぎを人びとに伝えることも仕事にしたいものです。それが農へのあこがれや期待に変わっていくように、農本主義者は努力しようと思います。それが新しい宗教だと言われるなら、ほほえんでいればいいでしょう。

農本主義が宗教になるかどうかは、たいした意味を持ちません。宗教であってもなくても、それは一人ひとりがそう思うかどうかの問題です。現代の思想に飽き足らずに、もっと深く心の底に降りていき、それを表現できるなら、それはその人の宗教になるでしょう。

そもそも農本主義はなぜ生まれてきたのでしょうか。
百姓は田畑を耕して生きていけば幸せなはずなのに、
それを許さなかった時代とはどういう時代だったのでしょうか。
現代では、農本主義者が解決しようとした
問題はどうなっているのでしょうか。
二人の農本主義者の生き方と思想をたずねてみましょう。

第五章

農本主義者はどう生きたのか

橘孝三郎の生き方

農本主義者・橘孝三郎

橘孝三郎は、一八九三年（明治二十六年）に茨城県に生まれ、一高を中退して、郷里に帰り、自ら山野を開墾して百姓になりました。一九一五年（大正四年）に兄弟村農場（三町歩からのちに七町歩）をつくります。これは武者小路実篤の新しき村に三年先駆けています。さらに一九二九年（昭和四年）から県内にひろく「愛郷会」（主に農村青年四〇〇人ほどが参加）を組織し、協同組合活動にも乗り出していきます。一九三一年（昭和六年）には念願だった百姓の青年のための私塾「愛郷塾」を、農場内に校舎も建てて開校しました。在所の活動が着実に軌道に乗りつつあったのです。

ところが、一九二九年（昭和四年）秋のアメリカ合衆国からはじまる世界恐慌は日本でも深刻なものとなり、一九三〇年（昭和五年）から翌年にかけて昭和恐慌となり、農村は極度に窮乏していきました。これから橘の思想と行動は急速に危機感を帯びていき、一九三二年（昭和七年）三十九歳のときに、塾生七人を引き連れ、軍人たちとともに五・一五事件で「革命」に決起したのです。

彼らは軍人たちとは別行動をとり、都内の変電所の襲撃を受け持ちます。ただ橘は前もって満州に渡っており事件当日は日本にいませんでした。逃避行の末、同年七月にハルビンの憲兵司令部に自首しました。一九三四年（昭和九年）に無期懲役の判決を受けましたが控訴せず下獄しました。恩赦で一九四〇年（昭和十五年）に釈放され、その後郷里に引きこもり、一九七四年（昭和四十九年）に八十一歳で亡くなりました。

在所で地道な活動を行なっていた農本主義者＝愛郷主義者がなぜ政府転覆などという大それた企てをひきいることになったのでしょうか。橘に「農本ファシスト」というようなレッテルを貼る前に、彼の主張にじっくりと耳を傾けてみたいと思います。

橘孝三郎の著作は戦後ほとんど顧みられなくなり、手に入るものはほとんどありません。そこで、この項はできるだけ著作を引用しながら彼が考えていたことをたどっていきます。

主に紹介するのは、一九三一年（昭和六年）刊の主著『農村学』（書名副題には「前編」とありますが、「後編」は書かれていません）と、一九三二年（昭和七年）の五・一五事件の直前に印刷された『日本愛國革新本義』、同じ年に出版された『農業本質論』と、事件後満州で執筆し、その後獄中にあった一九三五年（昭和十年）に出版した『農本建国論』です。『農業本質論』は百姓に、『日本愛國革新本義』は軍人に講演した「講演録」です。それぞれ出典表記は略して『農村学』『愛国』『本質論』『建国論』としました。ただ、言い回しがわかりにくいところは、私が一部現代表記に直しているところもあります。

土（原理）を守るための思想

橘孝三郎の最初の本格的な著作である『農村学』の核心は次の文章でしょう。

天地大自然のあたたかきふところにおいて、その生のやすらかなるふるさとを見出すことなしに、またほかにそれを見出し得ざる人類にとって「土」はじつに生命の根源である。土を亡ぼす者は一切を亡ぼす。

我々は今や勤労生活を捨てて、協力団結を解消し、土を亡ぼして自滅せんとしておる。しからばなすべきことも明らかではないか。

我々は今やまさに土に帰らねばならない。そして一切を土の安定の上に築きかえなくてはならない。土に帰れ、土に帰れ。土に帰ってそこから歩行の新たなるものを起せ。それのみが自己と他と一切とを解放すべく我等に示された唯一の途である。それのみが都市農村と全国民社会を救うべき大道である。

そしてそこからのみ、資本主義社会にとって代わるべき厚生主義社会が生まれ出るのである。

橘の著作を覆っているものは、このような痛切で深い危機感です。彼は「土を亡ぼすものは、また亡ぶ」とくり返し、くり返し警告していますが、一度も「土に生きるものは亡びない」と肯定的な表現をしていません。彼の思想に限らず「農本主義」は、農が資本主義に圧殺されていく危機感から生まれ落ちたのです。けっして、土のすごさ、すばらしさ、美しさから誕生したのではなく、そういう「土」の豊かさを亡ぼすものと戦うために「農本主義」は生まれたのです。

したがって「農本主義」は明るく楽しい農の世界をあまり表現しません。旧・農本主義はいつも哀しみの影を引きずっていますが、それは仕方がなかったのです。しかし農本主義に限らず、思想というものは、いつの時代も現実世界への怒りや危機感から生まれ出るものです。さらに「近代」ではこの特徴が際立つのは、当然でしょう。

橘がよく使う言葉は「土」「天地自然」「勤労」「厚生社会」「国家」です。「農本」や「天皇」という言葉は、『建国論』以外にはほとんど出てきません。

まずは何をおいても「土」です。橘が帰るべきだと言う「土」とは、けっして「土壌」の意味ではありません。百姓仕事（橘の言う「勤労」）によって、人間が天地自然に働きかけた結果として豊かなめぐみをもたらしてくれるものの総体です。それなのに、その「農の原理」とも言うべきものである土と人間の関係の総体（天地有情の共同体）が、外からの動きによって破壊されていくのはなぜかと考えていくのです。

ここがとても重要です。普通なら、それは「政治」が「政府」が悪い、と言うでしょう。もちろん橘もそう言っていますが、彼はもっと深いところにある原因にまでさかのぼっていくのです。そして原因は西洋からもたらされた「近代」と「資本主義」にあると突きとめます。その過程で近代化と資本主義化によって蹂躙されていくのは、農家経済ではなく、その土台にある「農の原理」だと気づいたときに、彼は農本主義者になったのです。もちろん橘は「農の原理」などという言葉は使っていませんが、こういう考え方のスタイルが農本主義者の特徴です。

一切が中央に集められ、一切が中央でそだてられ、そして一切がその指揮下に立って動いておる。なお科学といえどもそれが自然科学にせよ、社会科学にせよ、すべて中央と、さらに中央の地方出店なる地方大都市の中に育てられておる。未だかつて農村を土台とし、農村の中から生まれてそしてそだち上りつつあるものの存することを知らない。（中略）

ある運動が起こさるるためにはよって以てそれが動かさるる精神と、それが貫かれる主義とを欠く事は絶対的に不可能である。しかしまたその精神とその主義は学によって基礎付けられなくてならん事も絶対である。にもかかわらず農民に対して欠けたるものがあるとすれば、農民精神と農民主義を養うに足る学の存在にならんであろう。（『農村学』）

ここでなぜ新しい「学」が必要なのか、という疑問が湧いてきます。普通の百姓は「学」など求めません。しかし当時の農学は、いかに農業を資本主義に乗り遅れないようにするかという使命を帯びていました（現在でも大方はそうです）。橘はこうした既成の学に頼ることなく「農本主義」と「農の原理」を基礎づける「新しい学」を自分で創るしかなかったのです。

「我々のために時代が用意せる方法に忠ならんよりは、事実の示す真相に忠なるべし」「理論に事実をはめ込むことは絶対に不可であり、専門学的学者のするような方法にならう必要はない」（いずれも『建国論』）と断言します。こうして橘は在所での自分の体験をとおしてしっかり現実の真相を見つめ、それを補うための統計を活用して「学」（思想）をつくりあげようとします。

「この農村荒廃と、この甚だしき病態化社会の病根を正しくつきとめる」（『農村学』）ためには、本来学とは無縁の百姓の内からのまなざしだけでは無理だと認識し、外からのまなざしも不可欠だという自覚があります。しかしその外からのまなざしばかりである既成の学への警戒を怠りませんし、「新しいまなざし」による方法論（農村学）への挑戦が示されています。

私はここには「内からのまなざし」と「外からのまなざし」を融合させ、既成の学とは違った高みに引き上げていこうとする橘の方法論を読みとります。

多くの学問は、このように個人の痛切な動機から生まれてきました。ほとんどの学者は、既成の学問の軌道の上を走りながら、さらに新しい知見を得ようとしますが、「野の学問」はその軌道すらも自ら敷設していくものなのです。

だからこそ、橘の「学」にはもうすでに、アジテーションの香りが立ちこめてきています。橘はこの『農村学』を書いた時点で、確実に「維新革命」を意識しています。もっとも誤解のないように言っておきますが、この『農村学』自体は、いかに資本主義が農を亡ぼすかを、経営分析を主にしながら、地道に証明しようとしたものです。その結論は明快です。「農は資本主義に合わない」ということです。

農は資本主義に合わせられない

橘のように国家主義に近づいた農本主義者にしても、ほんとうは百姓仕事と村のくらしがゆったりできるなら、「天地有情の共同体」に没頭して、人生を送りたいと考えていたはずです。しかし、彼らは個人や家族や村人だけの力では押し戻せないものの正体をつかんでしまうのです。農業の衰退を食い止めるには、「経営努力」や政府のちゃちな「助成金」では、もはや解決できない、と判断します。そもそも現在社会を牽引している近代化・資本主義と、農の営みの本質（農の原理）が相容れないことに気づいていくのです。

目下の農村荒廃の真因をたづねなくてはならない。（中略）日本の農家は、常にその純真にして、愛国的なるがためであったと解しておけば一番きこえはいいであろうが、都市の商工業者に対するとき、一対二の割合で（租税を）負担して来た。（『建国論』）

その税金は農業のためではなく、軍事費と商工業の発達のために使われている事実も重要ですが、さらに、

農村荒廃の根本原因がいかなる所にあったかと言うと、ただ西洋文明の本流が日本の旧

封建のそれに代わって資本主義帝国を成熟せしめたからである。（『建国論』）

と言い、「祖国日本の恐るべき病態化の病根」は、資本主義の核心である「経済合理主義すなわち営利主義精神」つまり西洋精神だと見抜いていきます。

資本主義的方法であらざれば各個人はその営利生活を遂行し得ず、営利生活を離れて個人生活は成立し得ざると同時に、国民社会経済的に成熟したる人類の社会組織は、その機構を失わねばならなくなったのは、まったく近世であり、かつその発達と成熟はヨーロッパである。（『農村学』）

橘は資本主義と西洋文明は表裏一体のもので、「破農性」を本質として持っていると主張します。なぜならそれは、「土」を土台とし、自然のふところに抱かれて出来上がったのではなく、「土」を離れ、自然を知らない都市から生まれたものだと言うのです。したがって、西洋資本主義には、ついに農を破滅に陥れる性質があると言います。

当時の日本でも「社会は農業を中心にする状態から、工業を本位とする状態に進むのが社会進化の常道である」と政界や学会や思想界では唱えられていたのです。「土に帰る」ことは社会の進歩に対する反動だと言われていたのです。しかし、橘はここで「農の原理」を確認します。

人間は天地自然の恩恵を、農を本としてうけることなしに生存しえなかったのであり、未来永劫にそうであろう。（『建国論』）

ここで気をつけなければならないところは、「天地自然の恩恵」を「食料」だけだと受けとめてはならないことです。そこには働くことはもちろんのこと、今日で言う自然環境も地域社会も伝統文化も含まれます。私の言う「天地有情の共同体」です。それなのに、日本の国民はなぜ、こういうあたりまえのことに気づかないのでしょう。

日本は農なくして一日も存立できない事実は、あまりにも根本的であるがゆえに、人々の認識に自覚を与えざること、あたかも空気や水の必要が人々の自覚的認識に上がらないことと同じである。（中略）人間は天地大自然によって生かされているのに、資本主義社会では、自分が単独に独力で生きているという妄想に囚われてしまう。（中略）農は、資本主義社会においては、都市の資本家的企業形式による方法では発達しうるものでないので、人々の認識から覆い隠されてしまう。（『建国論』）

そこで橘は、農本主義の旗を掲げて、農本主義を研究する学を興し、その成果を書物として刊行し、「日本の改造に資せん」としたのです。しかし断っておきたいのは、それを彼は自らの農場から、地元から始めたということです。当初は運動を全国的に広げようとか、あるいは政府転覆をはかろうとはけっして考えてはいませんでした。

農本主義とは何か

橘は意外にも「農本」という言葉をあまり使っていません。獄中で書いた『建国論』には、少しまとまって出てくるくらいですが、その部分を取り上げてみましょう。

ここに農本と言うのは、人類生存の本源根拠たる「土」に再び帰り、新たに歩み出す外に、良道なきことを全霊的に強く感じ、全霊的に強く信じたからである。

農本的存在とは、天地大自然の恵みの存するところ、人間同士の相愛関係の存するところ、その自他利害のまったく融合一致しうる共同体集団生活を築きつつ、そこに人間生活の心と身との安住しうるふるさとを見出してきた。されば彼らはつとに大地主義精神、すなわち国土主義精神、農本主義精神、協同主義、勤労主義精神を奉持しつつ、その特有の文化を興し、社会を組織立て、文明を結成してきた。（中略）

「大地主義」「国土主義」「農本主義」と称するものは、土が持つ人間生活への根源的意義を指す。ここに「農本主義」と称する所以のものは、人間がその社会生活を永遠ならしむるために、その共同体社会体制を土の基礎の上に打ち建てざるべからずして、農本を離れて、人間の社会生活を永遠ならしむる根拠なきの故をもって農本と言う。

橘は『建国論』の書き出しで、「農本」という文字を用いたくなかった、と意外なことを言っています。その理由は人々の意識は社会的支配を受けていて、「世の中広しといえども、土から湧き上がった流行などというものは誰も見たことはあるまい」と、つまり思想というものは、「背土的」なものであり、村の外で生まれるものだと思っているから、「農本」には目を向けないだろう、と言うのです。

現在でもそうでしょう。村で、百姓によって、土から生まれた思想など、仮にあったとしても、個人的な狭い世界にしか通用しないものだと思っている国民がほとんどでしょう。思想とはいつも村の外から、しかも百姓からではなく、知識人から生まれるものだと思われています。

彼の言葉は、もちろん西洋の書物を熱心に読んだ成果も込められていますが、橘という百姓の内からのまなざしにちゃんと根ざしています。橘は国家の在り方を厳しく問い詰めていきますが、彼の農本主義はけっして国家から見下ろすものではなく、百姓仕事や百姓ぐらしから誕生したものだということがよくわかります。

しかし思想は内からだけでは形成できません。外からのまなざしと出会わなければなりません。そこに問題も潜んでいるのです。

自然への没入（仕事の喜び、人間性の解放）

橘は百姓仕事のどこに「農の原理」を見ていたのでしょうか。そこで、橘の思想の核心部分の「土」の思想をもう一度、見てみましょう。

　土を凝視するとは、そこに労働手段を見るのではなく、大自然を、そして我々人間を見ることである。（『建国論』）

この「土」がもし奴隷によって耕されるなら、「土の力」は枯渇すると橘は言います。つまり「土」はそれ自体独立して存在するのではなく「土」を愛する人間が不可欠なのです。橘に限らず農本主義者が不在地主を嫌う理由もここにあります。「土」とは耕作する人間と一体になったもの、そういう世界を表現しているからです。したがって、「土」は「天地自然」の母体であるとともに、百姓と一体になったものだと考えられています。

　都の堡塁の中で育った近世西洋唯物文明の精神は、主知主義的合理主義、個人主義、個人主義的自由主義の三大定型、要素を数えうる。であるからして、西洋の人たちは科学の力で、自然を征服するなどということを考えるようになったのである。これに対して東洋精神は、森から生まれ、大自然のふところにあたたかく抱かれて、その恵みの下に生存することを発見した。やがて農耕を起こすに至っても、この本質には少しの変化もなかった。むしろいよいよ人々は天地大自然のそれに同化し、ますますその共同生活を固め、かつ押し広めていった。（『建国論』）

農本主義者は西洋にならった近代化、資本主義化をどのようにして乗り越えたらいいかをしっかり考え、自らの体の中にある感覚を「東洋精神」として表現しようとしました。ここに問題もあります。日本の百姓の天地自然に対する感覚は文章にはほとんど残っていません。そこで橘はタゴールから引用してしまうのです。

斉藤之男は『日本農本主義研究』で、橘の中の東洋思想の表現を、タゴールの影響を土台にして、次の三つにまとめています。

(1)「自然」「宇宙」「世界」という言葉（概念）はいずれも同義であり、それらは「神」という言葉でも表現される。

(2)東洋思想における自然観は、人間の自然との一体化を強調する。「幸福であるためには、私たちは、個人的な意思を、宇宙の意思の統制に服従せしめ、また宇宙の意思は、すなわち私たち自身の意思であることを、真に感じなければならない」（タゴール『生の実現』大正四年）。

(3)精神における真理の認識方法が直接純粋直観である。

それでも、橘は必死で天地大自然と人間との関係を自分の言葉で語ろうとします。日々の百姓仕事の本質に降りていくのです。たしかに「宇宙」という用語はタゴールの影響だと思われますが、ここに橘らしい「農の原理」が発見されています。

勤労という言葉は、はなはだ誤解されやすい言葉である。一般的に勤労と言えば、朝から晩まで牛馬のごとくに労作するかのように用いられておる。ここでは人間性の本然のあるところにしたがって、その本性を尽くし、その天賦の存するところを全うし、使命を果たすことを勤労の本義とせねばならない。

同時に人間は勤労において始めて、自主的人格者としての存在を発見することができ、最高の満足と悦楽を汲み得ることが許される。ところが現代はこの勤労主義精神を捨ててしまって、営利主義精神のまったくの囚われとなって、人々の労働はただ物欲充足の手段になってしまった。そして人々の労作は、今まったく機械化された、時間的に幾らという貨幣数量をもって計られるところの、まったく精神内容なきものになってしまった。何が故に人々は、天地自然の恵み深きふところに抱かれた、人々相互にただ真心の極みを捧げ、受け入れ合って、自他利まったく一致融合しうるがごとき関係の下に、相犯し相争うことなく、その本然を尽くし、その天職、使命の存するところをまっとうすべきために最上の根拠地たるべき「土」そのものに背いて、大都会に群がり集まって自滅せんとしておるのか。(『建国論』)

橘の言う「勤労」とは、田畑や土や作物や家畜への情愛(愛護)を注ぎ、作物や家畜の持っている生命力が天地大自然に包まれて十分に発揮されるように、人間同士も助け合って奉仕することです。橘が設けた私学校である「愛郷塾」が「自営的勤労学校」と称されていたのは、「正しくよき土の勤労生活者を養わんとするの目的を有す」からでした。

もちろん我々は稲や牛の生命力を我々の一切の技術的方法をあげても創造することもできなければ、大自然のこれらを生々育々せしめてゆく宇宙的作用を離れては策のほどこしようを知らない。我々はただ稲や牛の生命を見守って、自然の命ずるままに、その対象が促すところに従って、勤労の限りを尽くさなければならなかったのである。(『農村学』)

農業においては、農民の抱ける生産客体への愛護の言葉によって表され得る精神的要素こそは、生産を左右する根本的要因をなすものであったので、この精神的要因を無視して農業生産なるものは成立し得ないのである。(『建国論』)

百姓は百姓が林檎を作るんじゃ駄目だ。百姓はその林檎を作る林檎にならなければいかぬのだ。もっと百姓はこのまま大地にならなければ駄目だ。大地に生まれ、大地に育つのだ。だから百姓が大地にならなければ、どうしてうまく育てられるか、それが私の百姓である。（血盟団事件公判記録の井上日召の証言による。中島岳志『血盟団事件』より）

現代の農政や農学が置き去りにしてしまった百姓仕事の内からのまなざしが、こうした橘の農本主義にはしっかり据えられています。こういう世界は現代でも色あせていないどころか、再評価したいものです。私がぜひとも引き継がねばならないと決意するものです。なぜ戦後の学者の「農本主義批判」論は、こうした百姓の精神世界の表出には触れようとしなかったのでしょうか。たぶん彼らの内からのまなざしが理解できなかったのか、無視したかったからではないでしょうか。

橘孝三郎の革命

戦後から今日まで橘が取り上げられるのは、このような「農本」にかかわる思想や実践ではなく、革命論と直接行動が断罪されるばかりです。たしかに私もまず橘に惹かれたのは、革命の直接行動に走った彼の気概にありました。しかし彼が五・一五事件という直接行動に関わったのは、最後の最後になってからです。

もとより橘に農本主義国家の夢はあっても、それを実現する手段は最後まで明確ではありませんでした。危機感だけは何にも増して深かったので、直接行動に走ってしまったのです。そこでここからは、彼の百姓としての最後の一年間、革命に走った一年間をたどっていきます。

橘はなぜ革命を起こそうとしたのでしょうか。農民の惨状を救いたいからだ、この惨状の原因を取り除きたいからだと言っています。『愛国』の現状認識は、悲憤で始まります。

社会は全く金力支配の下に動かされ。人心は大自然を忘れ農本を離れ、ただ唯物生活を個人主義的に追求して亡び行くのであります。事実現在ぐらい人々が大自然の恵みを忘れ、かつこれより遠ざかったためしはないであろう。したがって人間生活の根本たる土による勤労生活を捨てたためしもあるまい。

どっからどこまでくさり果ててしまった。全体祖国日本は何処へ行く。我々はどうなる。（中略）実にひどすぎる。何でも金です。金の前には同胞意識もなければ、愛国精神もない。（中略）いっさいは金力によって独占化され支配者の堕落はその極限に達して万民枯死せんとしておるの現状は我々をして黙視することをゆるさんのです。（中略）この悲しむべき状態を我々は一刻も早く何とかせねばならんのであります。

文体ががらっと変わりました。それもそのはず、これは軍人を前にした「講演録」だからです。そして、革命決起への決意が示されます。

革命あるいは改造と申せばいわゆる弁証法的唯物史観の示すような階級制にのみ考え

去って他にあるを知らないもののように見られますが、日本におきましては、国がある支配者によって危うくされますと、きっと君民一体で愛国革命を遂行し来たのであります。（中略）革新を叫ぶものはまず身を国民に捧げて立たねばなりません。救国済民の大道にただ死をもって捧げたる志士の一団のみよく革新の国民的大行動を率いて立ち得べく、国民大衆はまたかくのごとき志士にのみ従う外ないのであります。（中略）日本の現状に訴えて見る時どこよりも先に皆様のごとき軍人層にかような志士を見出す外はないのでありますます。そしてこれに応ずるものは何より農民です。

それでは橘の言う革命（日本愛国革新）の思想とはどういうものなのでしょうか。それはまず工業発展と大都市発展に代表される「資本主義西洋物質文明の超克」にあると言います。「巨大なる大東京集中がどんなに地方農村を土台にして行われつつあるをご存じでしょう」。それを推進してきた日本政府を革新すべきだと主張するのです。

それにしてもなぜ、橘はこれほどまでに資本主義と都市文明を毛嫌いするのでしょうか。それはひとえに農村の悲惨さの原因が、「農の原理」を踏みにじる西洋近代にあると身をもって感じていたからです。

しかし、これほど扇動的な発言をしてしまうと、逃げるか、自分も荷担するかの選択を迫られるでしょう。そして、橘は逃げなかったのです。しかしこれは農本主義者・橘孝三郎のロマンであって、百姓のロマンではありません。一九三二年（昭和七年）当時、百姓が連帯して決起する「状況」

など全くありませんでした。このことを、橘はよく知っていたにもかかわらず身を捨てるのですから、無謀です。しかし彼を動かしたのは内部から湧き上がるものだったのでしょう。

ただ橘の絶望は、百姓にも向けられているのが特徴です。橘には、百姓は革命について来ないと、わかっていました。農本主義者は当時も、農村では少数派でした。マルクス主義やロシア革命によって、労働者による革命は思想化・具現化されているのに、百姓による革命は思想化できずにいることに橘は焦っていました。そこには、単に政治家や大都市や工業や労働者への反発だけでなく、社会改造のロマンを抱かない百姓への憤慨も同居しています。

橘は西洋合理主義と拝金資本主義を毛嫌いしていました。資本主義を深く批判しているマルクスに共感しながらも、橘は労働者中心の権力奪取には同意できませんでした。マルクス主義は労働者には当てはまるかもしれないが、「天地自然」と一体化する百姓仕事（勤労）は、マルクスの言う「労働」とはまったく異なっていると感じていたからです。

橘孝三郎のロマン

封建時代よりも悪化している農村の惨状を打破するには革命（維新）しかないと思い詰めていく心情は、後になって多くの国民の共感を得ました。五・一五事件の後、多くの国民が橘らの減刑嘆願に動いたのです。しかしいつの時代も、共感を示すことと実行することの間には、大河が流れていて、ほとんどの人間はその大河を渡ろうとしません。橘は渡ることができた人でした。それだけで、私は深く惹きつけられるのですが、それだけに彼の農本主義の挫折の原因を突き止めなければならないと思います。

まさに若い軍人たちが、橘たちの影響で「農村救済のため」も目的にして決起しようとしているのに、農民はだれも同行しようとしない、共産主義革命を批判しておきながら、農民が革命に起たないのなら、彼の思想は破綻します。いや破綻するように、彼は自分の思想を追い詰めていったのかもしれません。この『愛国』に現われている橘の言葉の激越さとは対照的に、彼はほんとうに優しい人だったのだろうと思います。大義のために身を捨てることのできる人には、その気概を支えるための強さと、他人に対しての優しさがあるものです。

後の二・二六事件にも共通することですが、権力奪取の後の体制の構想はきわめて情緒的です。だからこそ、決起できたのでしょう。橘は革命後の権力の姿を『愛国』で、次のように思い描いています。

取って代わるべき政治関係や状態は、上から下への方向を国民の頭上に重圧さるる政治的支配を一掃して、支配に取って代うるに国民をして協同自治せしめねばなりません。ここでは国家と国民が支配と被支配によって対立するがごときことは許されなくなるわけで、統治の中心に立つものは国民をよく協同自治の実を挙げ得るがごとくに指導し統率するの任に当たる一方、国民はその指導統率下においてよく協同体制中に自治するという形になるわけです。

このあたりは次節で紹介する権藤成卿の影響がもろに出ているのですが、つづけて次のように言います。

　中央至上主義的な集権制のごときは、根本的に改められて地方分権的のものとなし、これをして国民的協同自治主義の実を挙げしむるに適当なるごとくに連盟せしむるに強固な中央をもってせねばならない。

新しい国家は、中央集権ではなく、地方の農村から、百姓によって、自治重視で再建設していくという夢がここにありますが、なかなかのロマンです。
このロマンこそが、旧・農本主義の母体となっていたのではないでしょうか。彼が大東京に代表される都会と工業への嫌悪を語るとき、その対極には理想化された「村」と「百姓のくらし」がありました。しかし、現実の農村はそんなものではありませんでした。都会よりも労働者よりもはるかに貧しく、暗いものだったのです。こんなはずではないというロマン主義が彼を突き動かしていきます。ここに大きな錯誤が宿っています。しかし、貧しさと暗さを救うのは、経済でしょうか、農民権力でしょうか、それとも国民の意識改革でしょうか。橘孝三郎は賭けてみるしかなかったのです。
たしかに、革命後の構想は緻密なものとは言えませんし、具体的にどうして実現していくのかは、明らかではありません。しかし革命とはそういうものでしょう。夢を語らない革命はありえません し、夢だからこそそれに賭けることができるのです。

世界恐慌が引き起こした深刻な経済不況の対策を橘は、軍需産業と農業に重点を置けばいいと言います。農業については大地主や不在地主の土地を取り上げて、村の管理に移し、「内地植民」をすすめる。橘は国家権力の思うようになる農地の国有化には反対し、「国民的管理」を主張していました。国内に開拓する余地がいっぱいあるのに、満蒙開拓に向かう政策をも批判していました。また、農村と都市の協同組合がつながることで、都市と農村の対立を住民同士で解決する道を提示していたのです。

橘が「個人の経済生活を営利主義的価値経済状態より救って、厚生経済生活に入らしむために必要な手段を尽くさねばなりません」（『愛国』）と言うときの「厚生経済生活」とは何でしょうか。私が要約すると、金儲けの人生ではなく、百姓らしく生き、社会もまたそれを保証する、ということです。ここに、「農の原理」から導き出した、橘独自の農本主義の社会構想が結実しています。また教育については、東洋思想を基本とした人格教育を「自営的共同勤労塾」ですすめるとしています。

ここも「愛郷塾」を開いた橘らしく、百姓らしい構想がありました。こうした教育理念は、多くの共感を得てもよかったのですが、五・一五事件で挫折していきました。

インテリの覚悟と宿命

橘孝三郎への批判として、インテリの限界を言う人もいます。たしかに彼は「普通の百姓」ではありませんでしたが、だからこそできたこともいっぱいありました。それはインテリの限界ではなく、特徴でしょう。そこに鋭さと危うさが同居していますが、それを見ていきましょう。

たしかに彼は一高を中退して郷里に戻って、山野を開墾して百姓になりました。睡眠時間を削ってまで東西の文献をよく読み、「農本」の理論化に励みました。また百姓としても兄弟村（共同経営体の実践）をつくり、運動組織としての「愛郷会」を組織し、百姓の青年たちを教育する私塾「愛郷塾」を開き、ついには五・一五事件を起こします。たしかに普通の百姓ならやらないことです。

ひとつの印象的なエピソードが『愛国』で語られています。あるとき、橘は百姓の年寄りたちと列車に乗り合わせました。そのときの百姓の会話です。

「早く日米戦争でもおっぱじまればいいのに」「そうすりゃ一景気来るかもしらんからな」「ところで勝てると思うかよ」「負けたって構ったものじゃねえ。かえってアメリカの属国になりゃ楽になるかもしれんぞ」。

当然のことながら、橘は憤慨します。たしかに、これらの百姓には国民国家のナショナリズムは、きわめて希薄です。国家よりも、我が家の生活があり、村の営みが関心事なのです。ある意味で素朴で「健全」です。しかし、当時の最高水準の教養を身に付けた橘は、すでに「国民国家」を自明のものとしているので、怒ります。ここが橘のインテリとしての特性です。

現在の私たちは、全員が近代化過程で「国民化」されているので、「国民」の一人として「属国になんかになってたまるものか」と思うでしょう。しかし、当時の百姓はまだまだ十分には「国民化」されてはいなかったのです。

たしかに橘のインテリであり、指導者であるこの部分に、農本主義の危うさが顔を出しているとも言えるでしょう。だからこそ、次のような憤慨もまた、国家に向けるきだとわかっていて、そしてたしかに向けてはいるのですが、橘はつい百姓にも向けてしまうのです。

最も神聖にしてかつ恵まれてあらねばならん土の勤労生活者である我々農民の間でさえ、もうだめです。いやむしろ農民ぐらいひどいものはないとすら極言したくなるのです。何しろ日本の百姓が娘を生んだということの喜びを女郎に売れるから、紡績工女に出せるくらいの点に見出すというに至っては亡国と言おうか、何と言おうか。(『愛国』)

橘自身は村の中では、いち早く近代化されたインテリであり、指導者だったからこそ、反近代の「農本主義」を理論化できたのですし、運動者としても活動できたのです。しかし、橘の軸足は愛郷の側にあったので、「国民化」によって失われたものをつねに気にしていました。その理由はすぐにわかります。

> 初夏の小川に稚魚をあさり歩いた思い出の楽しさよ。秋先の茸狩りの愉快さよ。冬の炉辺ののつきせぬ情緒よ。春はまた至るところに快適さが幼な時代を飾ったではないか。この農村のじつに、じつに最上の悦楽も一度都会なみの童謡などというものをやたらに吹きこんでしまうと、児童の頭には受け付けなくなるのは自然だったのではないか。ここに社会的支配の恐ろしさが控えている。（『建国論』）

橘はいわゆる都会から生まれて学校で教えられる「童謡」（文部省唱歌など）によって、天地有情の共同体を感じる感性が衰えていくことに危機感を感じられる人でした。ほとんど国民化されても、国民化されることのない世界である「土」を母体にした「天地有情の共同体」に生きる人間だったからです。

橘は、近代化と資本主義化を支えた「国民化」によって、「農の原理」が滅んでいくことに気づく人でもありました。

むしろ私が橘の限界だと思うのは、トルストイやミレーやソローに傾倒していたことに現われているように、西洋的な田園主義へのあこがれが強すぎたことにあるような気がします。つまり農業や農村を語るときも科学的な見方が染みついているのです。これは橘の若い頃の日本の学問が西洋からの輸入一辺倒だったことによるのでしょう。ようするに、世界をついつい外から見てしまう習慣も捨てきれないのです。

そして、橘の外向けの革命理論がいまひとつ面白くないのは、村や百姓に注がれていた彼の情愛や情念が、外向けの悲憤慷慨に転化していくからです。村や百姓の悲惨の原因を冷静にとらえようとして、外からの分析に重点を移していき、国家構想にまで行き着きます。これが外からの見方の特質だと言えないこともありません。

もちろん橘は村や百姓への情愛を失ってはいませんが、表現は次第に天下国家というような大局に立ったものに変化していきます。結果としてその言説が左翼のアジテーションとさほど変わらなくなっていくのは惜しいことでした。

なぜ五・一五事件に参加したか

この章の最初に書いたように、橘は五・一五事件で無期懲役の判決を受けたものの、恩赦により一九四〇年（昭和十五年）に釈放され、以後の人生を郷里で送りました。橘自身は自分の行動の帰結をどうとらえていたのでしょうか。

ここで『思想の科学』一九六〇年六月号から竹内好と橘孝三郎との対談を紹介します。五・一五事件から二八年後の橘の見解です。

竹内　愛郷会、愛郷塾というのはどういう経緯ででき、その規模はどの程度だったのですか。

橘　大正九年頃から世界的な不況が始まり、昭和になって日本も深刻な様相を呈してきた。経済不況、失業問題も結局農村問題に帰着するわけで、農民の救済は農民自身の力でやらなくてはならないと考えて、あらゆる機会に呼びかけて、次第に地方青年に迎えられるようになった。ある時小学校で講演をしていたら、後藤圀彦君がきて、農村青年の啓蒙のために団体を作りたいと申し込んできた。これは農村青年が自主的にやらなくてはと思い、しばらく様子をみて、機が熟して昭和四年十一月に愛郷会を作ったのです。（中略）茨城県下に二七、八の支部を設け、会員も四百名ほどになりました。（中略）仕事の一つに愛郷畜産購買販売組合の設立があります。畜産のない農家は肥料屋の稼ぎをするに過ぎないからです。

愛郷塾の方は人物養成機関です。農村救済には人物養成が必要なのに、学校を出たものは百姓を嫌がる状態では、農村独自の教育が必要だと考えたのです。塾生は限られていて三〇人くらいでした。デンマークの国民高等学校が始まった時が二八名ですから、あれと同じですよ。

五・一五事件で彼の門弟たちが担った役割とは、東京を停電させるための変電所襲撃でした。それも五ヵ所を襲い、爆弾投入に成功したのは一ヵ所にすぎません。「東京を暗闇にすれば、あたりまえのことがあたりまえでないと考えるだろう」という橘孝三郎の述懐を聞くと、つくづく農本主義者はテロとは縁遠いと思わざるをえません。しかし在所の貧窮の原因が国家の政策にあることがわかっているのに、それを座視しているのは耐えられなかったのです。

五・一五事件は一九三二年（昭和七年）五月十五日の午後五時から六時までのたった一時間のあっけない「決起」でした。しかし、もしこの決起に橘孝三郎たちが参加しなかったら、農本主義はこれほど世間の注目を浴びることもなかったでしょうし、農本主義がファシズムやテロと結びつけられることもなかったでしょう。それは、むしろ事件後の裁判が果たした役割が大きかったのです。

ここで再び「思想の科学」の対談に戻ります。竹内は私がいちばん聞きたかったことを質問しています。

竹内　お話を伺っていますと、そうした下からの農民運動が着実に成功していっていっているのに、なぜ五・一五事件を起こすような方向にいかれたか、という点ですが。

橘　たしかに兄弟村も愛郷塾もうまくいって、みんな喜んでいた。いままで続けられたら大したものになったでしょう。それをぶちこわして監獄の飯まで食うようになったのはなぜか、と言うことですね。（中略）在るとき、小学校で私がデンマーク論、協同組合論をぶって帰ろうとしたら、古内栄司君という井上日召の門弟に出会った。汚い草履をはいて私のあとを追ってきて、「先生、この事態は先生の今の考え方で切り抜けられるのですか。もっと他に道があるんじゃないですか」という。そして井上が大洗まで来ているからぜひ会えという。こうなると私のもちまえで、困難があると自分がさきに飛び込んじゃうんだな。

竹内　権藤成卿とはまえからの知り合いですか。

橘　いや、その頃権藤さんの書物を読んで尊敬の念を抱き、会いにいったわけです。実に偉大な学者ですね。権藤さんは日召に対して、「橘にへんなことをさせてはいかん。ピストルなんかふりまわさせてはいかん」と言っていたそうですね。まあそれにも拘わらずやったというのは、政党、財閥、特権階級の堕落、農民の窮状、軍縮問題による国防の危機など、このままでは日本が滅びるし、農民は救えない。しかも口では偉いことをいっても、自ら捨石となってやるものがなかった、ということでしょう。

じつは権藤成卿は橘孝三郎が五・一五事件に参加することを感づいていました。そこで事件前に踏みとどまるように説得しましたが、橘は聞き入れませんでした。

五・一五事件は、裁判の段階で評価が一変します。犬養首相を襲った暴徒は、じつは農村の窮乏を見かねて決起した義挙だとして評価されることになります。このことでやっと昭和恐慌の後の農村の窮乏が本気で報道されるようになったのです。

橘の影響を五・一五事件に決起した青年将校の中心人物、古賀清志は次のように言っています。

橘は我々に、農村問題の窮状を具体的に数字を挙げて説明し、その原因は資本閥の搾取にあると説き聞かせたので、これまで『自治民範』（権藤の主著）などにより農本主義的な思想を抽象的に懐していた我々は、ここに初めて具体的に、農村問題を認識することができ、農村救済のためには資本主義を打倒しなければならぬことを、痛感しました。（五・一五事件裁判の尋問調書：一九三三年〈昭和八年〉）

もし橘たちの参加がなかったら、決起した将校たちは昭和維新の大義名分を腐敗した政治の革新にしか求められず、農村救済を前面に出すことはできなかったかもしれません。また同時に、農本主義がファシズム扱いされ、農本主義者もファシスト扱いされることもなかったかもしれません。

頭にうららかな太陽を戴き、足大地を離れざる限り、人の世は永遠です。人間同志同胞として相抱き合ってる限り人の世は平和です。人おのおのその額に汗がにじんでいる限り、幸福です。しからば土の勤労生活こそ人生最初の拠り所でなくて何でしょうか。（『愛国』）

こういう生き方を確立し、理想社会を実現するために私塾まで開いて軌道に乗りつつあったのに、農村の窮乏をもたらした原因に橘は気づいてしまうのです。

大自然はあまりに人の小さき知恵を超越し、生命力の神秘性はあまりにも合理化を云々すべく不適当である。抱かれなければならん大自然のふところはあまりにも流通経済組織中を泳ぐのと勝手がちがう。いくらきょろきょろ見回しても、大自然のふところの中では交換価値のバロメーターは見当たらない。(『愛国』)

こうして彼は、自分の幸せを捨てて、資本主義に一矢報いるために走ったのでした。在所で彼の夢である理想社会が「兄弟村」「愛郷会」「愛郷塾」という在所の農本主義として花開こうとしていたときに、「昭和維新」の革命に決起したのは、彼の性格を象徴しています。彼はこの決起は失敗すると思っていたようでした。でも引き返せなかったのは、冷徹になれなかった彼の優しさと、そして弱さだったのでしょう。

創学への挑戦

橘は現実の農業経営をよく分析しています。しかしそれなら既成の農学でもできるはずです。ところが彼はこう言っています。「資本主義の破農性または背土性の全体観を実証的に把握しようと企てる」ための学を、つまり「農の原理」を守るための学を目指したのです。

これは当時の学の主流とは全く別次元の発想です。第二章の「日本農学」のところで対比したように、東畑精一は、日本農学は農業を資本主義に取り残されないように、資本主義に合わせて生き残るようにするための学だと自覚していました。現在の日本農学はこの延長にあります。ただ、東畑みたいに自覚していないだけで、生産や生産性を上げることが、正しいことだとする前提を疑うことがありません。

橘の新しい「学」を告げる本が、『農村学』なのですが、橘はその新しい学に、既成の学の方法論を採用しています。たしかに彼の説く「生産二次性原理」は、工業と農業の違いをよく説明していると思います。

要約してみると次のようです。「籾から玄米にし白米にするときは、できるだけ多く利用しようとして、物質として経済的に理知的に扱う。しかし、種籾として扱うときには、稲の生命力を愛護をもって育てる。工業は物質を対象とし、農業は生命を対象とする。生産とは常に農工によるこの二次性を持つ」。

彼の新しい「学」が必ずしも成功していない原因は、明らかです。既成の農学の枠に絡め取られているからです。その原因は二つあります。ひとつは「日本農学」と同様の体質を持って、どうしても「日本農業」の立場からの発言が多くなっています。言葉とはうらはらに、けっして百姓の情念から学を組み立てる方法論がありません。新しい学には新しい「方法論」が不可欠ですが、彼はそれを農学や外国の学者から借用しています。日本全体の統計数字を駆使するから、百姓の「愛護」(情愛)がとらえられなくなるのです。その分、客観的な学問のような雰囲気は強まるでしょうが、「農の原理」の理論化からは遠ざかっています。『農村学』は創学の扉を完全には開いてはいません。「資本主義に対抗する運動を起こすのだ」と主張するのなら、百姓の土に根ざした情念を理論化するほうが先だったろう、と私は思います。

どうしてこうなるのでしょうか。現在の私だから言えることではあるのですが、近代的な学はナショナルな価値を称揚するために創学されました。これは第二章で取り上げたとおりです。橘はこのことに気づきながらも、その弊害を軽く見ています。農学はなおさらに、そうであったのです。その証拠に、近代のナショナルな価値の最大のものである経済価値に対抗できていません。

なぜ「学」はナショナルな価値を求めなければならないのか、新しい学はそのことを真っ先に問うべきでした。そして、ナショナルな価値を追求するにしても、それはほんとうに経済価値なのか、と問い詰めることにもなっていくはずです。つまりパトリ（在所）の価値を求める「学」があっていいでしょう。しかし、それはけっしてナショナルな価値の追求とは重なりません。

橘の間違いはまずここにありました。しかし、こうなると深刻な問題が現われてきます。それを橘はおそれたのかもしれません。村の価値の表現には「学」など、いらないのです。百姓の実感で、体にしみこんでいればいいものであるからです。言葉を換えれば、あたりまえすぎて、ただの実感であって、近代的な学に馴染まないのです。体系化できないのです。方法論が見つからないのです。そして、農本主義という反近代の思想の理論化には向かないのです。

現代の私は、だからこそ、ナショナルな価値を撃つ新しい拠り所がここにあると、気づくことができます。それは橘からさらに八〇年も経て、いよいよナショナルな価値が強固になり、非ナショナルな、村や自然の非カネの価値が土台から崩壊しはじめて、やっと気づくものかもしれません。

私と橘をつなぐものは、村の価値をそのまま村の価値として留めないで、国民の価値つまりナショナルな価値にすることをあきらめていないことです。ここに危険性をかぎつける者は、「しょせん、国に認めさせて、政策に取り入れさせることは、国に牛耳られることになる」と批判するでしょうが、国に頼らずに経済的な成功をとげることだって、経済行為というナショナルな価値の傘下での行為にすぎないでしょう。

この危険性を避ける方法はひとつしかありません。なぜナショナルな価値でなければならないのか、しっかり問う思想を形成することです。その表現形態が新しい「学」になるのです。在所で生きていく百姓は耕さざるをえないのです。そうせざるをえないと私たちを後ろからかき立てるものがあるのです。それは何なのか。けっして日本民族の血なんかではありません。国家の礎だからでもありません。そういう近代的な外からもたらされたナショナルな思想ではなく、在所で生きていく情念です。それを理論化すると「農の原理」となるのです。

ここから、ナショナルなものにどうつないでいく回路をつくるのか、あるいはどう対抗、拮抗させる道すじをつくるのかが重要になってきます。それができなければ、農本主義は再生できないでしょう。あるいは農本主義に代わる新しい思想も誕生しないでしょう。

いまこそ、農業を資本主義に合わせるための農学ではなく、橘のように農業は資本主義に合わないことを証明し、資本主義を拒否していく農学を構想・形成することが求められる時代になっていると、私は思います。

左翼は農本主義をどう見ていたか

橘は農と相容れない資本主義を拒否しましたが、同様に農村問題の原因を資本主義社会に見ていたマルクス主義者たちは農本主義者をどうとらえていたでしょうか。

当時の左翼が農本主義者をどう見ていたかがよくわかるのが、櫻井武雄の『日本農本主義――歴史的批判』です。農本主義批判の名著だとされるこの本を、合同出版から発売されている復刻版で読んでみました。

この本が出版される三年前の一九三二年（昭和七年）に起きた五・一五事件に橘孝三郎が荷担して無期懲役の判決を受けていることは先に述べました。櫻井は橘孝三郎を評して「小ブルジョア農本主義」「農村ファッショ運動―保塁」と規定し、「例えば橘孝三郎氏の愛郷塾が五・一五事件以前は、殆ど世人の顧みるところとならなかった如く、その存在影響は極く局部にとどまって問題とならなかった」「恐慌によってその物質的基盤をゆすぶられた小ブルジョアの全霊的な衝動に駆り立てられた結果があの五・一五事件である」と断定します。この感性とこの視座は、イデオロギーに依拠した思想の落とし穴のような気がします。つまり、地方のささやかな実践や個人的な生き方を評価することもなく、それが世人の顧みるところとなれば、今度は体制堅持のための「封建イデオロギー」としてその情念を軽視するのです。

櫻井は「半封建的な農奴隷属過小農」と彼が呼ぶ、一人ひとりの百姓の仕事やくらしや人生を語ることがありません。終始語るのは、大局に立った「日本農業」論です。この本の巻頭で彼は言います。「寄せては返す救農の叫びは、いまではこの国の資本主義を脅かす年中行事の一つと化している。資本主義日本の農村が、とくにその窮迫を訴え、救農の叫びが挙げられ始めたのは、日露戦争＝明治四十年前後からのことであるが、爾来幾星霜、年々歳々救農の声のみいたずらに高くして、その救農策の一として実効なきはいかなるわけあいであらうか」。つまり、櫻井の関心は国家の政策にあります。日本農業のあり方にあります。

当時の農本主義者の「資本主義の害悪さえなかったら、今日の如き農村窮乏はなかったであろう。平和な小農の世界を荒らした元凶は資本主義である」という一見左翼とも相通じるような主張が櫻井には我慢ならなかったのはなぜだったのでしょうか。

じつは、櫻井は日本農業の「近代化」をすすめることが農民の解放につながると思っているように見えます。しかしそれがブルジョア的な資本主義のさらなる浸食を招くことにもうすうす気づいているので、歯切れが悪いのです。このことを渡辺京二は痛烈に表現しています。

日本マルクス主義者は本質的に市民主義的民主主義者であって、資本制と一度たりと真剣に闘ったことがない。反資本制的な衝迫の弱さ、というより欠如は彼らの著しい特徴である。彼らにとって闘うべき対象は天皇制を頂点とする伝統的権威主義支配であって、その意味では彼らは本質的にシトワイヤン、すなわち急進的市民主義者にすぎなかった。

（『日本近世の起源』）

さて、かつての左翼に対して、農本主義者の見方は、農村の疲弊の真の原因は、経済成長を不可避とする資本主義の性格にあり、その経済成長に農村までもが巻き込まれて自給を壊され、それ故に都市との格差、工業との格差が大きくなってきたことにある、というものでした。だからこそ、自給の大切さ、勤勉さの大切さ、仕事を楽しむことの重要性で、つまり在所の農本主義で立ち向かおうとしたのでした。

たしかにその程度のことで資本主義に対抗することは簡単ではなく、やがて農本主義者たちは農本主義を国家が採用するよう働きかけることとなります。そして橘たちは「革命＝維新」を起こそうとまでしました。在所の農本主義者から国家規模の農本主義への脱皮です。次第に農本主義者も「国家」だの「国体」だのという言葉を頻発するようになっていきます。こうして農本主義は体制に取り込まれ、満蒙開拓に利用されていったように、危ない途をたどるのですが、農本主義者は資本主義のほんとうの怖さを、少なくとも左翼よりははるかに的確につかんでいたように思えます。

さて、櫻井の『日本農本主義』の「序言」には、とても印象深い箇所があるので、最後にそれを紹介しておきましょう。

先頃、国際観光局が御自慢の映画『日本の四季』をソ連邦の各地で公開上映したところ、おおいに好評を博したが、なかで水田耕作の実況映写にかかると、観衆がどっと笑ひ出すと言うのである。これはトラクターやコンバインによる機械化耕作の眼に慣れている同国大衆にとって、菅笠手甲姿で腰まで水田に浸し、手で泥田をこね廻している原始的な光景がおかしかったのだろうと言うので、この部分をカットした。ところが、この観光局の措置は国辱の裏書だといきまいたのが、農本主義イデオロギーの持主たちである。常識ある人々なら、これはこの国のミゼラブルな零細農耕・農民労働力のおそるべき濫費に対する再思反省の機縁としてうけとるであろうに、今日の農本主義者は逆に観光局に抗議することを持って憂国の手段と心得ているのである。

近代主義者がどう言おうと、天地有情の共同体こそが、百姓のたからものですし、現代でもそうです。ここに農本主義者とマルクス主義の鎧の下に近代主義をまとった者との、依って立つものの決定的な違いが現われているのではないでしょうか。

権藤成卿の思想

国家に対する社稷の優先

前節で取り上げた橘孝三郎に大きな影響を与えた農本主義者が権藤成卿です。とくに彼の思想の中核である「社稷(しゃしょく)」は私の言う「天地有情の共同体」とよく重なります。この節はやや彼の著書からの引用が多くなりますが、じっくり読み込んでいきたいと思います。

権藤成卿(一八六八〜一九三七)は一八六八年(慶応四年。この年に明治元年となる)に、現在では福岡県久留米市になった三井郡山川村で藩医の家に生まれ、若い頃は黒龍会などに属した後、一九二〇年(大正九年)に『皇民自治本義』(のち一九二七年〈昭和二年〉に『自治民範』と改題)を出版しました。

昭和初期から権藤の元には橘孝三郎、井上日召(血盟団事件の指導者)、藤井斉、古賀清志(五・一五事件の軍人らの指導者)、長野朗(「農村村治派同盟」の指導者)などが出入りしていました。一九三一年(昭和六年)権藤と橘孝三郎ははじめて対面しました。

権藤は一九三一年（昭和六年）に『日本農制史談』、翌一九三二年に『君民共治論』『日本震災凶饉攷』『農村自救論』を出版しました。

一九三二年（昭和七年）の五・一五事件発生後、権藤は黒幕としての嫌疑で投獄されましたが、釈放されました。権藤は軍部による革命を否定すると同時に、性急・安易な社会改造でなく、堅実な社稷自治への復帰を説きました。日中戦争にも一貫して反対していましたが、一九三七年（昭和十二年）に亡くなりました。

権藤の思想を(1)社稷、(2)自治、(3)国家のモデル、(4)土地制度、(5)天皇制、(6)革命論、(7)内からのまなざしの欠如、の順に見ていきましょう。以下の引用はとくに断らない限り、『自治民範』からです（わかりにくい漢字は一部現代表記に改変しています）。

社稷

現代の私たちは「国民国家」の存在を疑いませんし、当時もインテリはそうでした。ところが権藤成卿はそうではありませんでした。国民国家は例外なく強固な中央集権制を敷きます。その結果失われた最大のものは、村でも都市でも在所の「自治」です。ほとんどの権限が、市町村役場、県庁、そして政府に取り上げられて、私たちは「公的」なことは役場や都道府県庁や政府に、伺いを立てたりお願いをしなければなりません。現代でも「地方分権」と言っても、国の権限を地方自治体に移すことばかりで、住んでいる在所（村）にもとからどういう自治と権限があったかを顧みることはまったくありません。それどころか「平成の大合併」に現われているように、その地方自治体ですら、いよいよ在所から遠い存在になろうとしています。
権藤は従来の日本の村（在所）で形成され続いてきた自治を無視して、西洋ばかりを手本として国民国家をつくろうとする政府に対して、断固として異議申し立てをしました。国家よりも「社稷」（農村自治共同体）を優位に置いて、社稷あっての国家だ、と論陣を張ったのは、近代の制度へ疑念がことのほか強かったからです。
つまり⑴国家がもともとあったかのように、国家権力を振りかざし、村の自治を取り上げて破壊し、⑵全国画一の近代化・資本主義化を推し進め、⑶百姓が自然に没頭してのんびりと暮らすことを妨げている体制を根底から拒否していたのです。

世界みな日本の版図に帰せば、日本の国家という観念は、不必要に帰するであろう。けれども社稷という観念は、取り除くことができぬ。国家とはひとつの国が他の国と共立する場合に用いられる語である。世界地図の色分けである。各国ことごとくその国境を撤去するも、人類にして存する限りは、社稷の観念は消滅するものでない。（中略）
それ我が輩が社稷を措いて国を認めぬゆえんである。太始における社稷の尊重は民衆の自治にはじまり、その幾多の自治郷村を統一して、国をなせる者なるをもって、民衆の自治を、無視して、国は治められぬものである。

つまり国民国家は近代になって誕生した人為的な区分でしかないが、社稷は古来からの自然発生的なもので滅びない、というわけです。これはナショナリズムが国家から教育で植え付けられるものに対して、パトリオティズムが在所のくらしの中で身についていくものだということに見事に対応しています。

この主張は明解で、当時も今も新鮮です。社稷あって国家があるので、けっしてその逆ではないというのは、パトリオティズムを踏み台にして「国益」を言い立てる近年の政府のナショナリズムにも向けたいものです。それでは権藤の言う「社稷」の内実はどうなっているのでしょうか。

――社稷とは、社は土地の義にして、稷とは五穀の義である。

――土地を離れては社稷もなければ鬼神（天地万物の霊魂）もない。すなわち人類は、必ず土地に就いて衣食住を営むべきものである。

――自然の風俗が出来、その風俗が一歩を進めて社稷を成し、その社稷が国の基礎となり、すすんで制度組織の必要が起こる。

――天下自然の社稷を土台として、その国が建設されたものである。そこで国家の政体組織等は幾回変化しても、社稷は動かぬ。

――社稷は国民衣食住の大源であり、国民道徳の大源であり、国民漸化の大源である。

面白いことに、橘孝三郎は権藤の影響を強く受けているにもかかわらず、著作の中で「社稷」という言葉を使っていません。橘は社稷に代えて「村の共同体」という言葉を使っています。たぶん

「社稷」は制度の一種、つまり政治の単位であると誤解されることを嫌ったのだと思われます。しかし、権藤はこうも言葉を重ねています。

――もともと我が社稷の構成には、三基と称する公則がある。「一、天の常にしたがい、二、地の宜に依り、三、人の和をすすむ」というのである。

つまり「社稷」は、人間が生きて暮らしていく天と地と人間のつきあいの総体を指しているのです。人間だけの共同体でもなく、さらに土地を含むだけでなく、天地自然に働きかけ、働きかけられて安堵し、持続していく在所の世界の総体なのです。これは「天地有情の共同体」と言い換えてもいいものです。明治以降の日本という近代的な国民国家は、こういう世界観や制度を採用するはずがありません。

ところで、渡辺京二は、社稷のモデルはけっして古代ではなく、江戸時代の村落共同体にあったと見抜きました(「権藤成卿における社稷と国家」)。私もそう思います。なぜなら自治を確保した惣村が現われるのは中世ですし、それが定着するのは江戸時代初期ですから。権藤は後で詳しく述べるように封建時代のよさは知りつくしていました。百姓と将軍や殿様との関係は、年貢を納めるだけの関係で、村は武士とは関係なく自治が貫かれていたのです。しかし権藤は、江戸の幕藩体制を批判していましたので、まさか社稷は江戸時代がモデルとは口が裂けても言えなかったでしょう。一方の橘孝三郎は封建時代そのものを悪しき時代だとしていましたから、「社稷」を使いたくなかったのかも知れません。

自治

権藤思想の最大の魅力は、社稷の在り方から「自治」を引き出し、中央集権国家にぶつけたことです。

自治を措いて社稷はない。また社稷を認めねば自治はなくなると言うてもよろしい。

（中略）

およそ国の統治には、古来二種の方針がある。その一は生民の自治に任せ、王者はただ儀範を示してこれに善き感化を与えるに留めるのである。その二は一切の事を王者自ら取り仕切って、万機を総理するのである。前者を自治主義と名づけ、後者は国家主義と名づけるのである。

ただ権藤の言う「自治」とは、現在の自治とはかなり様相が異なります。社稷の中では個人の自由は絶対無限のものではなく、むしろ他人のためを思う心が強くなり、天地のために働き、みんなが結束していくことだと言うのです。そのためには各自の「自制力」や村の拘束力がなければ「自治」はできず、自治ができなければ、「自主」の力は起こらず、秩序も保たれないと指摘しているところは、江戸時代の村そのものです。それにしても社稷の自治がなければ、国家も成り立たないという説は魅力的ですが、当然ながら明治以降の国民国家の中央集権、国家主義、官治組織と対立することになります。

古来社稷の基礎を郷村の自治に置くのである。郷村の自治においては人々利害の分別に迷うことが少ないからである。犯罪の制裁が厳粛に行われるからである。相互扶助がよく行われるからである。万事の施設（計画のこと）が永久の目的に合するからである。応急の行動が迅速に運ばるるからである。郷村の自治は郷村の会議に待つべきもので、この郷村自治を推して社稷を組織し、これをもって外国に対すれば、すなわち国家となる。ゆえに国の立法は、郷村会議の延長である。国の行政は、郷村施設の延長である。国の司法は郷村自治制裁の延長である。国の警察は、郷村自治監視の延長である。国の陸海軍は、郷村自治自衛の延長である。国の外交は、郷村応酬の延長である。しかしながら誤れる国家観は、この内容実質社稷であらねばならぬものを、少数者一家の私物と同視するのである。じつにはなはだしい錯覚である。我が日本は少数階級者の私物でもなければ、薩長氏の国家でもない、厳然たる社稷を重んじる国土である。

本来自治を、中央政権の分離、すなわち分権と見るのは、本末転倒である。人類はもともと衣食住すなわち社稷を基礎として、村落の自治となり、村落の自治を拡張して郡県の自治となり、ここに一国を建設するの必要を生じたるものである。

ただ権藤が言うように「郷村自治を推して社稷を組織し、これをもって外国に対すれば、すなわち国家となる」のでしょうか。すでに日本では近代的な国民国家が成立してしまっているのですから、もう一度「維新革命」を起こす以外には方法はないでしょう。しかし、権藤は武力による権力奪取には反対しました。先に述べたように橘孝三郎が五・一五事件で決起しようとしたときは、必死で引き留めようとしました。

さて、現代の日本国の「繁栄」と反比例して、日々荒廃していく農村で生きている農本主義者にとって、国家と村、自分の関係は抜き差しならぬものがあります。村から国家を問う姿勢と気概をどう再建していったらいいのでしょうか。

国家のモデル

権藤が社稷のモデルを古代においたのには理由があります。彼が西洋から輸入された国民国家に対置するものを探すなら日本の「伝統」に求めるのは当然のことでした。天智天皇の世をモデルにした「君民共治」の国家像は、日本政府も無視はできなかったからです。

国の統治は生民の自治に任せ、王者はただ儀範を示して、善き感化を与えるに留める。

ようするに君民共治なら「国民の富は君主の富であり、国民の貧は君主の貧」となって、互いの利害は衝突することがないというのです。

もっとも彼が日本古代をモデルにした「君民共治」の国家とは、民百姓に権力の存在を感じさせないほどの善政である代わりに、年貢は納めさせ、いざというときには生殺与奪の権を握っている帝政の下にあるものです。それでも明治政府以降の政府のように、忠君愛国主義を強要し、工業を重視し、農村の自治を破壊し、地主が土地を増やすような政策をとる政体より、よほどましな体制だと権藤は考えたのです。

地を重視するの観念は、とりもなおさず愛郷の観念である。愛郷の観念はとりもなおさず愛国の観念である。（中略）農民が社稷構成の基礎となり、それ故に国の大本が農に在るべきはもとよりである。

およそ社稷を離れたる国家は、必ず吏権万能の国家にして、その民衆は権力者の奴隷となるのである。かつ民衆の生存すべき天与の物資はそのあらゆる階級的特権者に奪い去らるるものである。現代我が国において、ことさら窮屈なる忠孝説、もしくは不合理なる秩序論が行われているのは、社稷観の消滅である。また一般国民がその自治権威の廃頽に気づかぬようになったのも、社稷観の消滅である。

ここで重要なことは、「愛郷の観念はとりもなおさず愛国の観念である」という言い方です。現代でも国家の指導層には、首相を始めこういう発現をする人は少なくありません。しかし、権藤のこの言葉は、現在の国民国家にはけっして当てはまりません。なぜなら彼が思い描いていた国家というものは、中央政府が主導する政体に基盤を置くものではなく、自立した村人の暗黙の契約に基づく共同体である「社稷」に根ざすものだったからです。こういう国家ならば、必然的に国家は「農本」であるべきだということになり、天皇もまたその基盤の上に成り立つわけです。そういう条件でならばこそ、「愛郷は、愛国に」なるのです。ところが近代的な国民国家は、社稷を踏みにじって成立したのですから、「愛郷は、愛国に」にはけっしてならないのです。このことはとても重要です。

権藤は国家と社稷（在所、村、田舎、地方）の間に大きな溝を発生させた原因が近代的な国民国家にあると見抜いていました。彼が「国体」精神が荒れ狂う時代の中で、こうした独自性を保つことができたのは、彼が封建制度を悪だと決めつける近代化教育を受けておらず、薩長閥が支配する国民国家自体を拒絶していたからです。それに彼は意外にも西洋の思想も学んでいたようですから、日本の古来の制度と西洋を比較して自説を強化していたものと思われます。その点で、他の多くの農本主義者がもっぱら近代的な高等教育を受けた農村の「指導者」や「教育者」であったことが、権藤の思想をもうひとつ自分の血肉化できなかった原因ではないでしょうか。

ただ渡辺京二は冷静に見ています。「権藤はこのアジア的村落共同体の「自治」の意味を極限的にふくらませた。そしてそのふくらみに比例して国家の意味を極限的に縮小させた」（「権藤成卿における社稷と国家」）と。そうしなければ、明治国家（西洋をモデルにした国民国家）に対抗する別の国家像は提示できなかったのだと思います。そこがまた権藤の思想家としての真骨頂だったのですが、現実に対抗する理念としては、決定的に何かが欠けていました。

現在の村の共同体は、江戸時代とは比べものにならないくらいに弱体化しています。村には土地の管理権がなく、政治の実権もありません。国家や市町村へ納める税金も江戸時代よりも高いくらいです。それに何よりも、近代化と資本主義が浸透して、天地有情を感得し、交感する習慣が衰えてしまっています。

問題はここからです。在所の価値（パトリの価値）で国民国家の価値（ナショナルな価値）に対抗できるでしょうか。権藤は社稷を歴史的に創作して対抗しようとしましたが、当時の政府は官製の「農村（自力）更正運動」でごまかそうとしただけです。つまり権藤に決定的に欠けていたのは、現実の村の中に「社稷」を再建していく運動論でした。権藤の眼は国家に向きすぎていました。

現代ではこの権藤の社稷を「在所の思想」としてもっと深く掘り下げて、パワーアップしなければならないでしょう。私が在所の思想として「天地有情の共同体」を中心に考えるのは、社稷を動かしていく自治の土台に天地自然との関係を据えたいからです。そうしないと現代の絶大な力を握る国民国家に、足元の村から対峙していくことはできません。

一時期、国民国家を超えていく道として「地球国家」が構想されましたが、残念ながらそれは幻想だったようで、今日では「国民国家」という単位はますます強化されています。しかし、一方で、スコットランドやバスク地方の独立運動が高まり、沖縄ではこれまでの保革対立の構図が崩れて、日本国が突き放されつつあります。私たちはもう一度、国民化され国民国家を自明のものとしている自身と在所を見つめ直してもいいのではないでしょうか。

土地制度

権藤は前近代の歴史をよく調べていて、近代的な史観に毒されていませんでした。それは土地制度を見る目によく現われています。


――国土は社稷の有にして、決して君長の私有物ではない。

――元来土地の所有権ということはおおいに疑問とすべきものである。

――我が社稷の大則により、日本国籍の人民は必ず一定面積の土地を鈞受すべき権能を確認され来りしものが、（現状では）少数富裕者の土地兼併となりしは、明らかに社稷典範の破壊である。（「土地兼併」とはカネで所有農地を買い占めて増やしていくこと。）

――明治政府の富豪結託は、無謀にも土地兼併の奨励に及んだのである。それは井上馨の大農論である。彼は明治二十年前後において、たぶん当時の農商務当局であったかと思うが、京阪の富豪と共に、大農論の大気焰をあげたことがある。


権藤は大地主や不在地主を極端に嫌っていました。それは「土地」は「天地」の一部であり、社稷の中では耕さない者が占有してはならないものだったからです。

耕地がある農村の境域内にある以上、その土地は由来その農村のために与えられたる天恵であったことを忘れてはならぬ。例せば空気は天恵である。水は天恵である。このごとく土地もまた天恵であるのである。しからば論理上、その耕地より生じたる収穫は、地主が村民の承諾を得ずして、自由に処分しうるはずのものでない。

（問題は）地主と小作人との不調和に生ずる他村民の浸耕である。その地主はやや遠方の富豪で、小作人との間に問題が起り、（そこで）地主は即時に小作地を取り戻し、これを他村の者に小作させるのである。しかし、村落自治の本旨より見れば、容易ならぬ問題である。何となれば、その村内の土地はこれを社稷本位の立場から見れば、当然その村内住民の共存に資すべきものである。その土地の所有者も小作人も皆な村落以外のものとなるは、まったくの自治の破壊である。我が国古制の田によって戸を配せられし農村自治の典範は、この種の私有財産権万能の趣旨とは、もとよりまったく相容れざるものである。

農地は百姓の所有物であり、江戸幕府の「土地売買禁止令」にもかかわらず、自由に売買されていたことは最近の歴史学が教えてくれるところですが、それは村の中での話でした。渡辺尚志の『百姓の力』には、この権藤の所説を裏付けるような、現代から見ると驚愕するような事例が紹介されています。

江戸時代のある村で離農して離村する人は、家屋敷と田畑を村に無償で返さなければならなかったのだそうです。なぜなら耕作しているときは自分の土地でも、耕すことをやめれば、土地は村有に戻す「掟」があったからです。

私たちは土地には共有地と私有地があると信じて疑いません。しかしそれは近代的な所有のスタイルにすぎないのです。もちろん耕しているときは私的な占有が認められていますが、耕さなくなれば、村のもの、つまりみんなのもの（天恵）に戻していくこの前近代的な所有というか、農地との関係は、人間と天地自然との関係に重なります。

「社稷」の概念が、こういうところから組み立てられていることに気づくとき、私の言う「天地有情の共同体」も土地所有の在り方にまで踏み出すべきだと感じるのです。

天皇制

だからこそ権藤は「天皇制」には反近代の夢を見ていたようで、天智天皇の政治を賛美しています。しかし、ほんとうにそうだったのでしょうか。権藤は当時の天皇制を批判するために、大昔の天皇制を理想化して、対峙させたのではなかったでしょうか。ただ社稷を守るために「天皇」を持ち出さざるをえなかったのが、権藤の苦しいところでした。北一輝のように天皇を利用しようと割り切ることが彼にはできなかったのです。

渡辺京二はこのことをよく見抜いていました。「東洋的農村自治の極限像のなかで一見国家が消滅するかに見えるのは、東洋的天子の極限像である天皇のなかで一見権力が消失するのとまったくおなじ機制によっている。国家止揚の回路はこのような〈無〉の通路には存在しないのである」

（「権藤成卿における社稷と国家」）。「一君万民」とは、天皇のもとでは、国民はすべて平等だという意味です。これをスローガンとして、不平等極まる資本主義社会を転覆しようとしたのは、たしかに幻想でした。

新しい農本主義も「国民国家」をどう扱うかは重要な問題です。「国益」などという言葉が臆面もなく使われている現代ならばこそ、なぜ国という単位が自明のものとして扱われるのか、なぜ国益とは経済価値に主導されてしまうのかを問い直す視点を、権藤はすでに持っていたとも言えるでしょう。

近代を問うなら、封建時代を訪ねよ、と実感できたのは明治元年になる年の一八六八年（慶応四年）生まれで、国学と洋学とを学んだ権藤成卿だからこそ、しっかり身につけて思想化できた世界だったと思います。権藤も橘も理想的な「天皇制」に夢を抱いていましたが、国家主義者ではありませんでした。むしろ国家主義者とは対極の位置にいました。しかし、かれらが天皇を戴くときに、いくら「愛郷あっての、愛国だ」と言ったところで、愛国のほうに引きずられていくのは避けられなかったでしょう。

蛇足になりますが、『自治民範』の「天皇も親耕せられた、后妃も織室にあたられたのは実に我が太古の有様であった」という箇所が気になりました。実際にこういう歴史的な事実があったとは思えませんが、こういう物語があったことは疑えません。昭和天皇が歴代の天皇ではじめて、皇居内に開田し、自ら田植えをしたのは一九二七年（昭和二年）でしたが、ひょっとするとこういう言説の影響かも知れません。

革命論

東京の代々木上原の権藤成卿の敷地の空き家には、昭和初期の社会の窮乏を憂い、国家の改造を目指す青年たちが集まっては、交流し、議論をし、革命の準備までしていました。彼らの結論は「維新革命」（明治維新のやり直し）しかないというところまで行き着きます。何よりもそういう逼迫感が状況としてありました。

我が国が欧州法制度を模倣した結果は、極端なる競争を是認し、この過去五〇年の結果としての現在は、不自然極まる行き詰まりである。（中略）最近における科学の発達と、これに伴う工業の進歩、しかもその旧来の経済および法制は、驚くべき富裕者と意外なる不労利益者を出し、その反面に多数の窮民を生じた。ここに労働問題、小作争議が続出するようになった。しかもこの現状の解決に対し、指導者たるべきものがその方策を持ち合わせていないとすれば、この先の社会転換に備えて、我々はいかなる準備と覚悟とを必要とするか、そのための変革は当然必至のことである。

たしかに権藤成卿には、次のような激烈な文章もありました。

君民の共に重んずるところは社稷である。社稷を重んぜざる民は民でない、社稷を重んぜざる君は君でない。もし社稷を度外視して国民と利害を異にする一階級を設け、これに特権の利権を与え、これに特権の権力を付し、国民のある者をしてその特権の権力の下に隠れて、悪事非行をなすの便宜を得せしむならば、その特権の権力者は、これを国家と名づくるも、民国と名づくるも、もしくは大統領、もしくは帝王と名づくるも、その利害は必ず国民と一致するを得ざるものとなるのである。（中略）無理な法律があれば、一も二もなく葬り去るべしだ。無道なる税金や謝金の取り立てがあれば、大も小も捨て去るべきだ。（「農村自制論」一九三二年、なおこの箇所は『農村自救論』に収録されるときに削除されています）

これはたしかに「革命論」です。権藤に惹かれた国家改造を目指した青年たちが少なくなかったのは、権藤のこういう姿勢にありました。しかし、権藤自身は彼らの後ろ盾となりながらも、直接行動には賛成しませんでした。むしろ議会制度を支持し、穏健な国会請願運動に支援を与え続けました。

その請願運動とは「飯米闘争」と呼ばれているなかなか面白いものです。「百姓はどんなに負債を負っていても、一年分の飯米だけは差し押さえの対象からはずす」という法律を国会に通すというものです。現実に、一九三五年（昭和十年）には衆議院本会議で可決され、貴族院に送られるのですが、ここで握りつぶされてしまいます。

その理由は、単純なものです。もし百姓の飯米に手がつけられなくなると、米の流通は百姓の手に握られてしまい、ある意味では資本主義は大混乱に陥るからです。なぜなら当時日本の人口の半分は百姓だったからです。国民一人ひとりの米の消費が同量ならば、当然米の半分は、飯米として百姓の手元に残っていなければならないのに、百姓は食う分も売らざるをえない状況に追い込まれていて、米流通の主導権をとれないでいたからです。しかし、こうした過激な法律が成立寸前までになったというのは、それだけ農村を窮乏から救えという主張が説得力を持ち始めていたということです。

その農村の飯米の実状を権藤は次のように見ていました。

実状まことに惨憺極まるものである。一つは小作米の搬出による食糧の不足である。これには東西南北いたるところの農村がはなはだしく苦しんでいる問題である。たとえばある一家もしくは数家の富豪が、ある他の農村における大部分の耕地を占領して、(小作米として)その農村産米の一〇分の六を取り立てて持ち去るため、その村内の食糧が不足するところはすこぶる多い、むしろ農村の大部分の実況である。

また一つは、細農の小口売り出しによる食糧不足である。これは一般細農が秋収穫後年末の支払いなどに窮して、来年の食糧たる少量の米穀を売り出すのである、元来不足する食糧を収穫期に低価で売りて、翌年の梅雨後ようやく高価となれる米を購入するのは、人情上より見ても、経済上より見ても、不秩序なる実況である、その結果として夏期に入れば、まず米穀の生産地たる農村の大半と都市との両面が、食糧需用地に化し、ここに投機商が縦横に踊り出し、重要食糧の価格をつり上げるのである。

権藤たちが、どんなに借金の取り立てを受けようとも、一年分の食べる米だけは、免れるようにする法律を制定させようとした意味と意義がわかってもらえると思います。

内からのまなざしの欠如

このように権藤は村落共同体を基本に据えた国家観を持つだけでなく、農村の窮乏を救う闘争を計画し、実行するだけの現実的政策力も兼ね備えた思想家でした。ただ、現代の百姓から見て、権藤の農本主義に決定的に欠けているのは、内からのまなざしです。つまり「天地有情の共同体」の実感です。権藤は実際に百姓をしたことがなかったので、仕方がなかったのかも知れませんが、彼の著作では、百姓の情愛や情念をあくまでも外から見ています。しょせん彼は主義者ではなく、学者だったのかもしれません。このことを鋭く指摘しているのも渡辺京二です。「私は彼がその『自治』を制度的に修復し回復しようとするのではなく、その「自治」のもとで国家権力からもっとも遠い位相で営まれる生そのもの、そのような生のうちにはぐくまれる下層民の幻想にじかに着目していたならどんなによかったかと思う」（「権藤成卿における社稷と国家」）。

私なりに言い換えると、天地有情の共同体の内からのまなざしで国家の有り様を問うことが、新しい農本主義者の仕事となるのです。ここから先を現代の私たちが歩むことになります。

権藤成卿の歴史観

私が権藤の著作を読んで何より新鮮だと感じるのは、「封建制度」のよかったところをきちんと評価しているところです。もちろん江戸幕府を批判はしていますが、江戸時代の村落共同体社会をモデルにしたと思える「社稷」を国家よりも優位に置いているところに、それはよく表われています。

現代でこそ「江戸ブーム」と言われ、江戸時代のくらしがエコロジカルだったとか、風景が美しかったとか、むしろ男女は平等だったとか、百姓のくらしは武士と遜色なかったとか、封建時代の見直しが歴史学でも盛んに行なわれています。しかし、明治末から昭和の初期に、江戸時代の村のほうが明治維新以降の農村よりも貧富の差がなく、平等で豊かだったと指摘した人間はほとんどいませんでした。当時の左翼と違って近代への幻想がなかった分、「悲惨な農村」は近代国家がもたらしたものだという視点を素直に持つことができたのです。現代から見ても権藤のほうがまともな見方だと言えます。もちろんこの視点は明治以降の政府批判のために理論化されたものではあったにしろ、農本主義のひとつの特徴になりました。しかし、権藤を敬愛していたと言っている橘孝三郎の著作を見ても、この視点がそれほど大きな影響を与えているとは思えないのは残念なことです。

先に紹介した櫻井武雄などの当時の左翼が、明治以降の農村の荒廃を、江戸時代の封建主義を脱していないからだと主張するのに対して、農本主義者は明治以降の資本主義の発達が原因だとします。左翼の根拠は単純です。「貧農史観」、江戸時代の百姓は武士の奴隷であった、というような歴史観です。当時はそういう誤った説が説得力を持っていたのです。そしてそれは、一九七〇年代まで続いたことを思い出さざるをえません。

櫻井の誤りは小作人の数が、明治時代以降急増し、昭和初期には百姓の半数は小作人になってしまっていることでも明らかです。それなのに「徳川封建制下における純粋封建的土地所有組織下の零細農奴経済は、ブルジョア的発展の閘門を開いた明治維新の変革の際にも、何らの本質的な改変なしに存続せしめられた」と主張するのですから、議論がかみ合うはずがありません。

この点では、櫻井が『日本農本主義』の本文ではなく「註」で批判的に引用している権藤の言い分のほうがぜん光彩を放っています。私はこの部分にいちばん感動しました。「註」は省略が多いので、原典の『日本農制史談』から引用しておきます。長い引用になりますが、ぜひよくかみしめて読んでみてください。

封建制度を頭から非難する者は、徳川時代の農制を非常な悪政とするが、これは事実を知らざる者の言である。徳川時代は大名の藩治を許した為に、藩によっては苛斂誅求の処もあったが、幕府としては四公六民制度を守り、庄屋名主も単に上納米の取扱をするだけであり、その手数料の如きは、一萬石を取扱い百石位のものであり、大名がもし苛斂誅求をすると厳重な制裁が加へられたのである。（中略）
徳川時代の農民生活を、今日より遥かに悲惨であったと言う人があるが、事実はそうではなかった。武士も下級者は非常に窮した生活をしていた。それは生産力の低かった時代として已むを得ぬことである。大藩の百姓は、今日の小作人よりも遥かに安楽な生活をしていたのである。（中略）

また徳川時代には切捨て御免と言う乱暴があったと言うが、これも一面を見て他面を見ない偏見である。戦国時代以来、武士は人を切ることを常習とし、まことに気が荒かったために、関ヶ原役が終わると、徳川氏は法度を出して、無礼なものは切り捨てにしてもよいが、その代り一度刀を抜いて切り損へば、切腹か家名断絶とした。これがために却って刀を抜くことが少なくなり、武士の気風が穏やかになり、逆に無頼漢が入れ墨の肌をさらし出して、武士に突き当たり、『さあ切れ、切れねば刀の磨ぎ料一分出せ』と、武士を強迫しだしたのである。以上を通観するとき、閥族と僧侶によって農村が荒らされた王朝時代を除き、我国の農民は概して生活の安定を得ていたのである。だから年貢と金肥と金利とに責められる今日の農民は、我が国史に類例のないほど悲惨な窮迫の生活をしていると言はねばならぬ。その原因は明治以来の欧化政策にある。

進歩主義的な歴史観が優勢であった昭和初期において、江戸時代の百姓を「農奴」と決めつける櫻井など左翼の近代化主義者よりもはるかに正確な史観を持っていたのは、さすがだと思います。なお文中の「四公六民」では誤解を招くので、この本の別の部分を引用しておましょう。

また富豪は奉公のために開墾を申し出ると、奉行の下に肝煎として役を付け開墾費を負担せしめたが、決して開墾地の私有は許さず、開墾地は労働を提供した次三男に分配するを法則とした。肥後、佐賀、徳山、岡山、土佐、水戸の各藩は、この方法によって耕地を広げ、それに従い百姓の負担は軽減され、実収の二割の課税の処さえもあった。それは、四公六民と言うも、唐箕の前に落ちる約二割のコボレ米を除いての、四公六民であったからである。

今日の歴史学では、江戸時代の年貢率は「年間全所得」の約一〇％だったというのが定説になっています。それは米以外の生産所得が多かったことによるのですが、米だけとっても、こういう実態だったのです。

さて今日では、貧農史観の克服はおおいにすすみ、江戸時代ブームのような様相を呈していますが、かつては櫻井のような見方が日本の論壇を風靡していたことを忘れてはならないでしょう。つまり、明治維新以降の文明開化（資本主義の発展、近代化と言い換えてもいい）をどう評価するかが思想的な大きな分かれ道なのです。そして今日でも近代化がもたらした弊害を問わない勢力のほうが圧倒的に多いことが、農本主義再評価を妨げている最大の要因であることは間違いありません。

それにしても当時は明治維新からまだ六〇年くらいしか経っていなかったのに、江戸時代の実態がこれほどまでにゆがめられていたのは、いくら近代化イデオロギーの猛威があったにしろ、唖然とするしかありません。

最後に権藤の著作の中で、とくに個人的に重要と思われる箇所をひとつだけ紹介しておきます。

鎌倉以後江戸幕府の中頃までは、国民主要食糧の管理法は、前年の収穫米は翌年の梅雨後から食い始めるを常規とした。

ふと「食料危機」を論じる人たちがいつの間にか忘れてしまっていることを思い出しました。現代日本では、「米の備蓄」は「過剰米対策」だそうですから、笑ってしまいます。新米に飛びつき、新米をこぞって早く出荷する百姓は、何かを忘れてしまっています。ちなみにわが家では新米は出来秋の翌年の四月から食い始める習慣です。

農本主義は再生できないのでしょうか。
案外共感を呼びつつあるような気もします。
それだけ資本主義が行き詰まってきているのではないでしょうか。
そうであるなら、私が提案する「新しい農本主義」は、
はたして現代社会の中で影響力を発揮できるでしょうか。

第六章

農本主義の可能性

「農本主義」は死んではいない

池の中の鮒がいいのか、池をはい出た鮒になるべきか

第四章で述べたように、池があるとして、池の中の鮒には、池の外形は見えません。しかし、池の中の仲間や他の生きものや水や底土はじつによく見えています。このたとえは、Nature（自然）という概念を知らなかった時代の日本人には、自然はどう見えていたかを説明するために考えついたものです。池の外貌を「Nature＝自然」だと思えばいいのです。

ところがこのたとえは、その後、「内からのまなざしと外からのまなざしの違い」や「経験と科学の違い」などにもそっくりそのまま適用できることに気づきました。池の外に出たから、西洋人は科学的な見方ができるようになったのです。さらにこれは「在所の中からのまなざしと、国家からのまなざし」にも敷衍できます。村の農と、日本農業の違いです。さらに拡大すれば、パトリオティズムとナショナリズムの違いにもあてはまるのです。

社会変革の思想は、そのほとんどが池の外からのまなざしに立脚しているのは、当然のことです。

そうでなくては、社会全体の様子や構造は見えないからです。かつての農本主義者も池の外に出て見ることを重視しましたが、それが躓きのもとになりました。

私は、この二つの見方を共に身につけるしかないと思っています。しかし前者の、つまり内からの見方が衰退していく現代にあっては、池の中からのまなざしの思想化のほうにこそ力を注ぐべきでしょう。しかし、ここに難題が潜んでいます。現代人ならだれでも、内からのまなざしは、どうしても外からのまなざしに比べると劣っているように感じてしまうのです。外からのまなざしは表現に普遍性を獲得しているような気がします。国家からのまなざしは、個人的な情愛や情念よりも、世の中全体をよくつかんでいると誰でも思うでしょう。

しかし池の外の人間は、池を外から眺めるだけで、池の中の生きものたちと一緒に過ごすことがなく、池の一員として生きる情感を忘れています。池の中の世界も知らず、池の中の鮒の気持ちも顧みず、池の外形の様相だけを見てあれこれ言う論議はもううんざりだ、と私も思います。池の中にはまだ、資本主義が手を伸ばせない世界があります。それを守るためには、それを表現しなければならないのです。つまり、池の中と外とを行き来しなければならないのです。そして池の中から、池の外からの見方を批判しなければなりません。池の外からの見方も知ったうえで、それに負けない内側からの見方も身につける理論が、旧・農本主義にはありませんでした。少なくとも橘孝三郎や権藤成卿は、それをつくろうとしましたが果たせませんでした。作り方が間違っていったからです。池の外に出すぎたのです。

戦前期の農本主義の核心

くり返しになりますが、農本主義とは近代化の過程で、やむなく生まれた対抗思想です。これは、抵抗・異議申し立て・変革などと言い換えることもできますが、近代化の進展で苦しくなるばかりの農を守り救済しようとする動きとして生み出されました。それは「農の原理」とでも言うべきものを断固として浸食されまいとする叫びでした。ここで、もういちど農本主義の流れを振り返っておきましょう。

まず、戦前の農本主義の運動論ですが、これは次の三つの主張に注目するとよくわかります。

(1) 近代化（資本主義化）への批判

近代化、資本主義化によって、農業は良くならないのではないかという疑念が生じたことが重要です。近代化とは、明治期には「文明開化」と呼ばれたものです。それは資本主義の発達、つまり生業から産業への転換を強いるものです。自給から分業へ、田舎から都会へ、農業から工業へと移っていく世の中の変化は、村では自作農が減り、小作が増え続ける現象として現われました。この人や物やカネの動きに対する懐疑と反発が生まれました。とくに昭和恐慌時の農村の窮乏はひどいものがありました。

たしかに百姓の中には、近代化への期待もありましたが、農本主義者は近代化や資本主義化というものは、何か根本的に農と相容れないものがあると感じ、その理由を突きとめようとしました。

(2) 国民国家への反発

明治政府から戦前までの政府は、あたかも農はナショナルな価値であるかのように言いながら、実際の政策はことごとく、パトリの価値である天地有情の共同体の基盤を踏みにじり、百姓が納める租税（地租）を基にして強大な国家を築いていきました。国家の発展は農村の発展につながるどころか、村から自治も経済も土地も吸い上げていきました。こういう政府を撃つためには、村の中での協同組合的な努力では限界があると気づいたときに、農本主義は革命理論に転化してもいったのです。天皇に期待をかけ「一君万民」の平等な世界を夢みた農本主義者も少なくありませんでした。

ただ権藤成卿に代表されるように、前近代をむしろ農村の自治が貫かれた時代だとして評価し、むしろ明治以降の国家がパトリ（社稷（しゃしょく））をないがしろにしているという指摘は、正当なものでした。

(3) 百姓仕事はもっとも人間らしい生き方だという自覚

これこそが、農本主義のもっとも深い気づきだったと言えます。これも近代的な工業労働や都会生活との比較から、農本主義者が紡ぎ出した価値観です。天地自然に働きかけ、天地自然に包まれて生きることができる百姓こそが、もっとも人間らしい生き方だと確認したのです。これは労働時間とか労賃などで管理された工業労働の悲惨さと比べたときに、理論化されていきました。農本主義者は資本主義を批判するマルクス主義を評価しないわけではありませんでしたが、賃労働の論理では、天地有情の世界の中で営まれる百姓仕事の本質はつかめないという直感は正しかったと思います。

そういう人間らしい百姓仕事と百姓ぐらしに没入して生きていくことが理想の状態なのに、なぜ生きにくくなっていくだろうかと考えてしまうのが農本主義者でした。この天地有情の世界に没入することを妨げているものの正体に気づいた以上、百姓仕事だけに没入できなくなっていったのは、農本主義者の宿命であり悲劇でした。

戦後の農本主義はどうなったのか

さて戦後になると農本主義の運動はなくなった、と見られても不思議はありません。軍国主義の母体となり、保守反動の思想だと決めつけられたからです。しかし、松田農場の持続に見られるように、息の根は止められていませんでした。松田農場のことは第四章で紹介したので、詳しいことは省きますが、昭和四十年代まで九州では二万人ほどの百姓が「松田精神」に傾倒して、入塾したのはなぜだったのでしょうか。

一言で言うなら、農本主義の魅力が失われていなかったからです。松田農場に代表されるような戦後農本主義の動きの特徴は、まず戦前から基本的な理念を継承しながら、戦後の社会に受け入れられるように、あるものを捨ててしまっています。大まかに整理してくると、次のようになるでしょう。

(1)近代化を問う姿勢は残しながらも、科学技術を受け入れ、次第に近代化技術も受け入れていきました。
(2)天皇への敬愛を持ちながらも、天皇の力を得て「一君万民」の社会を建設しようとする革命思想を捨てました。つまり、戦後民主主義を受け入れたのです。
(3)国家との関係を直接に問うことを捨て、国民国家を受け入れました。つまり「農政」を受け入れたのです。
(4)天地有情の共同体は大事に引き継ぎましたが、個人の技能や生き方を重視するようになっていきました。

旧・農本主義は、終戦によってではなく、その後の戦後社会によっていったんは息の根を止められていったように見えます。戦後の政府は一貫して、(1)農工間格差の解消、(2)都市と農村の格差解消、(3)そのために都市への移住と農業の生産性向上を政策目標にしました。戦前と比較にならないほどの強力な「農業近代化政策」が展開されたのです。

多くの百姓が離農し他の産業に回ることで、資本主義は発達し日本国は経済成長を達成し、農業も生産性を向上させました。百姓の数は一九五五年(昭和三十年)から、一九七五年(昭和五十年)までの二〇年間に、一〇九万戸、五五九万人も減少しました。それでも食料危機に陥ることは一度もありませんでした。農業国から工業国への転換は成功だったと、今でも国民は信じています。

さて戦後の農本主義にとって、戦前の三つの主張はどうなったのでしょうか。

(1) 反近代化

科学技術の発展は、農業分野でも急速な近代化をもたらし、その恩恵に異議を申し立てるという「近代化を問う」ことの意味が見えなくなっていきました。一時は資本主義に対抗すると思われていた社会主義もしょせん資本主義と同じ近代化主義であることが明らかになり、自壊していきました。もはや資本主義を根本から問う勢力は姿を消したように見えます。

(2) 国民国家と在所

民主化された国民国家は、いよいよ農業の産業化をすすめ、在所は「地方」と呼ばれるようになり、中央政府によるひとつの農業観が地方にまで普及していきました。地方自治体、農協、農業委員会、農業改良普及所などが、この推進に寄与しました。在所（パトリ）の価値は、ナショナルな価値に従属するようになりました。在所の共同体のつながりによる支えあいは、個人の技術と経営という考え方に置き換えられていき、瀕死の状態です。

(3) 百姓仕事の価値

百姓仕事の喜びは、作物を育てて売る楽しみに置き換えられ、労働の成果である所得で評価するのが当然のようになりました。カネにならない価値や世界は「農業経営」の範疇から追放されていきました。ほぼこれと重なるようにして、在所の生きものたちと村の住人たちのつきあいも薄れていき、天地有情の共同体は荒廃していきました。

それにしても、あれほど戦前の農本主義者が嫌っていた近代化と資本主義化がこれほど戦後社会で隆盛になるとは皮肉なことです。今日では、戦後の農業政策は保守政権下であっても、いわゆる前近代を後れたものとする左翼的な近代化至上主義に牽引された、というのが定説になっています。民主的な農村で、近代化された技術を行使し、工業並みの経済成長を達成するという「夢」の前に、農本主義は対抗思想を再構築することができないまま、次第に存在理由を見失っていったのです。

旧・農本主義者の時代と現代の比較

旧・農本主義者が活発に活動した昭和初期と現代の類似を言う人もいますが、私は現代のほうが、農の危機ははるかに深刻だと思います。たしかに、当時「農村恐慌」に陥っていた農家の経済は現代よりも貧しかったのは事実です。それでも昭和初期には、百姓は国民の約半数を占めていましたし、国内生産額は、米や生糸や綿などの農産物と、工業製品の額は拮抗していたのです。

社会の工業化への反発と危惧は強かったとは言え、農業の経済的な優位性は、今日の比ではありません。もちろん現代の村には、身売りはないかもしれませんが、田畑を耕す百姓がいないのです。さらに異常なのは、田畑も自然も荒らしてしまった国民国家の政策が断罪されることがないことです。「結果的にそうなっただけだ」とはけっして言わせません。百姓仕事のカネにならない価値をナショナルな価値として認知させようとする私たちの要求は採用されません。頼りになるのは、一人ひとりの百姓の情念であるパトリオティズムしかない、というのでは悔しいではありませんか。しかし、農こそはもっとも重要なナショナルな価値であるとする農本主義はなぜ、説得力がなくなったのでしょうか。現代の国民国家の回答は明快です。「経済価値が低いからです」というのがその答えです。それに対して多くの百姓は、農家所得が増えれば、農業が儲かるようにすれば、つまり農業経営が容易に成り立つような政治が行なわれれば、問題は解決すると言っています。しかし、経済の配分の問題なのでしょうか。

農業が工業に比べて生産性が低いことは、橘孝三郎がくり返しくり返し論じ、だからこそ農を資本の論理に合わせるなと警告し続けていました。それにもかかわらず、今日まで解決していないどころか、むしろ農は縮小の一途をたどっています。たしかに国家全体としては、商工業を発展させ、経済成長を達成して、かつて農村にあった「身売り」をなくしたのです。国家としては、その正当性に自信を深めることはあっても、その逆はないでしょう。その証拠に、自民党政権や民主党政権であっても(他の政党であっても)経済成長政策をすべての政策の土台としているのです。そして多くの村で、人間は耕作放棄地や猪・鹿・猿に取り囲まれて暮らしているのです。

つまり戦後の農本主義は、農業を「経済」で守ろうという資本主義に対して、「農の原理」で守ろうという思想を提示できなかったのです。だからこそ、農本主義は戦後社会から一度は姿を消したのでした。

農本主義が生まれる契機

百姓にとって、百姓仕事があたりまえにできて、毎日のくらしが安定し、在所の人間と自然の関係に変化がなければ、「主義」などを唱える必要性はまったくありません。百姓が農本主義に目覚めざるをえなくなるのは、百姓仕事や百姓ぐらしや、在所の天地有情の共同体が危機に陥っているという自覚が生まれるからです。それは、為政者や政治家や指導者から見た危機感とは別のものです。つまり国家から見える危機と在所から見た危機は別物です。

ただし、危機感からだけでは「主義」には到達できません。戦前期であっても、農本主義者は表面的にはともかく、実際の村の中では、少数派でした。その理由は、危機の原因を掘り起こそうとする思考が、百姓の発想とは異なったからです。農本主義のリーダーたちのほとんどが一度は村の外の世界の空気を吸ったことのある人間であったことはその証明になるでしょう。

百姓をしているだけでは世界を内側から見てしまいます。危機の原因を特定するには、どうしても外からの見方も必要なのです。なぜなら、その危機は村の世界の外からやって来るものだからです。その危機の原因はいわゆる「近代化・資本主義化」にありました。社会は近代化によって進歩発展するという考え方です。百姓はけっして自分から求めたものではないので、どうしてもこの近代化・資本主義化に対して受け身にならざるをえません。ところが、やがてそれが自分も求めていたもので、内発的なものであったかのように思い込んでいきます。

農本主義者が普通の百姓と違ったのは、外からやって来る近代化・資本主義化の正体を見つけてしまったところでした。自分の百姓仕事や百姓ぐらしの中から失われていくものを、失うまいとするときに、敵の正体が見えてくるのです。そして、その敵に一矢報いようとするのです。

外からだけの見方では、為政者の見方と同じになっていきます。農本主義者の特徴は、危機の原因を外からの見方だけでなく、むしろ在所で生きている内からの見方で、必死に探そうとしたところにあります。百姓仕事を最も人間らしいもの、人間を解放させてくれるものと考えていた農本主義者は、それがなぜ近代化によって破壊されなければならないのか、と考えたのです。

そして、農本主義者の最大の特徴は、「近代化・資本主義化」への対案を考えたことです。もちろんそれは、人によりさまざまなやり方をとりました。体制を変革せねばならないと動く人、在所を理想郷にしようとする人、開拓で新しい共同体の可能性にかける人、思想的に深め続けた人など、ひとつのイメージでくくるのが難しいのが農本主義者でした。

ただ、このように述べてきて、とても大切なことを、見過ごしてしまっていることに気づきます。それは、自分のことを農本主義者として自覚していなかった、したがって表現することもなかった大勢の農本主義者のことです。「表現しなかった農本主義者」は農本主義者ではなかったのでしょうか。そうではありませんが、表現されていないものはつかみようがありません。これは従来の農本主義のとらえ方の大きな欠点です。たしかに農本主義運動のリーダーたちは結構ものを書いていますが、そんなものを書かなかった農本主義者もいっぱいいます。さらに農本主義者と自ら自覚していない百姓の中にも農本主義者とほとんど同じ思いを抱いていた人は少なくありません。

表現とは、文章や言説だけでしょうか。間尺に合わなくても、田畑を耕し、村の中で家族や村の人たちを支えて生きてきた百姓は、田畑や家族や村のあり方で、それを表現しているとも言えるでしょう。たとえば小さな田んぼに、すり減った鎌に、家の生け垣に、さらには鎮守の森のたたずまいにも、農本主義を見いだすことは可能です。

カネにならないものを大切にし、国の政策よりも在所の価値を優先し、百姓仕事への没頭を楽しみとしてきた百姓の生き方は、農本主義の表現です。つまり表面的には近代化を求めて、都会の文化にあこがれ、国家にすがりたがる百姓だって、心の底では、そうした流れと農本主義的な原理の間の葛藤を無意識に続けてきたのです。

これまでの運動は、そうした表に現われない思いや価値観をすくい上げてきませんでした。しかしそうした「特別に意思表示しようとしない」百姓もまた多くが農本主義者なのです。そういう百姓の思いも汲み上げていきたいと思います。

原理の再発見

やがて高度経済成長の時代も去り、もはや大きな経済成長は望めない時代になってしまうと、戦後のなりゆきへの疑問もまた深まってきました。一九九〇年（平成二年）から二〇一〇年（平成二十二年）までに、農家戸数は一二三一万戸、農家人口は三九六万人も減っています。これは前に述べた一九五五年（昭和三十年）からの二〇年間の減少に匹敵するものですが、明らかに質が違います。

一、この三九六万人はやむなく農的な自給を放棄させられたのです。国家は「食料自給率の向上」を謳いながら、一方で百姓には食料の自給だけでなく、風景の自給、自然の自給、百姓仕事の自給、年寄りの生きがいの自給、子どもたちの遊びの自給、生きものへのまなざしの自給、伝統行事の土台を実感する自給、つまり天地有情の共同体の自給を放棄させたのです。「構造改革」や「成長戦略」や「農業改革」という名前の国民国家の政策によってです。

つい逆説的な言い方をしてしまいましたが、昭和三十〜四十年代の離農は政策に誘導され、百姓もそれに応じた側面もありましたが、現代の離農は農政の近代化・資本主義化の行き過ぎが原因で、百姓にとってはじつに不本意な離農なのです。ここまで来ると、「農は資本主義に合わない」(橘が主張した資本主義の「破農性」)ことは、もはや「農の原理」の最大のものであるように思えます。

二、共同体の土台が破壊されてきたのです。過度の中央化、効率化は村の中で暮らす人間のさまざまな自給を破壊してきました。それへの反発として農産物「直売所」が各地で生まれたことは重要です。国家がまったく目をくれなかった世界からの具体的な反抗でした。自給の意義を節約や、経済効果に求める思想には理解できない事態が生じています。国家にここまで見限られると、もう国家の政策には頼れないという発想から、ささやかですがさまざまな運動が生まれてきたのが、一九八〇年代以降のことでした。国家よりも在所の共同体に残っている最後の力に依拠して、資本主義社会を生き延びるという、これも「農の原理」の再発見です。

三、全国各地で百姓が減り、手入れが後退したために、村の自然と風景が荒れ始めました。もちろん、自然破壊は近代化技術の進展で、確実に進んでいたのですが、それとはまったく違う性質の自然破壊が生じてきたのです。これも中央政府には危機感が希薄でした。百姓の天地自然へのまなざしが、崩壊していこうとしているのです。これを回復するための思想と手段を政府は持ち合わせていません。有機農業や減農薬運動、環境保全型農業などを、単なる資材の選択だとしか位置づけていないのがその証拠です。ところが百姓から農の自然環境への影響を把握して、もう一度天地自然に抱きかかえられる農業へ回帰していこうとする試みが広がっています。ここでも天地有情の関係を意識した「農の原理」が再発見されました。

四、日本国の経済成長は、経済価値のない天地自然（自然環境）を犠牲にして成功したと言えるでしょう。この行き過ぎがはっきり目に見えるようになったのです。「農は資本主義に合わない」という原理を、天地有情の共同体に適応すれば、それは「自然や生きものの生には効率を求めてはならない」という新しい「農の原理」の発見でもありました。田んぼの生きものの全種五六六八種を明らかにしたのは、田舎の小さなＮＰＯ「農と自然の研究所」だったというのは象徴的です。国家はこういう天地有情の世界の全体像をつかもうとする科学的なまなざしすら持とうとしなかったのです。

五、農業近代化は科学技術の成果を活用して進められてきました。農作業は機械化され、農薬や化学肥料が普及され、圃場整備、施設化などが推進され、百姓仕事はエネルギー多投型の農業技術に置き換えられていきました。これはすべて農業を資本主義に合わせるためのものです。

しかし有機農業の運動に端を発した近代化農業への疑念の背後には、百姓の側から見るなら、近代化技術の「非人間性」「人間主体の疎外」への嫌悪感があったのです。仕事を労働に置き換え、生きがいを経済に置き換え、伝承をマニュアルに置き換え、まなざしを装置に置き換えていくことは、かえって人間を傲慢にして、人間性を崩壊させていくことになります。福島第一原発事故以降も日本政府は、科学技術信仰を強化させていますが、科学が人間のためだけの科学であったことへの反省が生まれています。

また少なくない人たちが帰農したり、新たに百姓になろうとしているのは、国家がすすめる産業としての担い手としてではなく、国家の目の届かない百姓仕事の魅力に惹かれてのものでしょう。ここでも天地有情の共同体に抱きかかえられる百姓仕事こそが最も人間らしい仕事であるという「農の原理」が再発見されています。それは、人間中心主義を超えていく道でもあります。

「新しい農本主義」の出立

新しい農本主義の強さ

これだけ近代化、資本主義化が行き詰まっているにもかかわらず、新しい農本主義が育ちにくい理由は何なのでしょうか。

日本では、国民国家、民主主義、資本主義の三点セットで推進されてきた明治以降の「近代化（近代文明）」が、見事に定着したように見えるからです。この近代化がもたらした価値観はじつに強力なものですし、この価値観に代わるものがしっかりと見えないからです。さらに重要なのは、これらの近代化によって、ほんとうの農の価値は、いよいよ心を研ぎ澄まさないと見えにくくなってしまったからです。

そこで、新しい農本主義は旧・農本主義よりも、近代化・資本主義に対抗する「農の原理」を明確に打ち出していくのです。それも天地有情の共同体に根ざした情愛を根拠地にするのです。たしかに「地球環境」や「生物多様性」などの科学思想は、やっと近代化の限界を示しはじめているように見えますが、科学自体が近代化の道具になってきたことを思えば、科学で近代化に対応することに期待するのは危険です。利用できるところだけを利用すればいいでしょう。

資本主義が強力なのは、科学技術と結びついて、人間の欲望を全開にしてしまったからです。これを人間中心主義と言い換えてもいいでしょう。人間に有用な価値が際限なく追求されていますが、その陰でささやかな価値がどんどん捨てられているのです。ささやかで消極的な価値が見えなくなっていることが、農本主義の蘇生をはばんでいます。そこで、そのささやかな価値を「天地有情の共同体」を母体にして「農の原理」として、豊かに表現していくのです。

たとえば、農本主義の最も重要な三つの「原理」がどのようにして自覚に到るのか、その過程を整理してみました。他の原理の表現に役立てばと思うからです。

第一原理：近代化批判・資本主義批判

発端　どうして毎年毎年、生産性を上げなければならないのだろうか？
違和感　農に効率を求めるのは、おかしいのではないだろうか？
気づき　農には効率を求めることができないことがある。農には近代化できない世界がある。
結論へ　そもそも農は近代化には合わないのではないか。
発見　農は近代化できない世界が多い。
展開　農は資本主義には合わない。
理論化　百姓仕事は「農業労働」ではありません。つまり近代的な労働時間や労賃などで評価すべきではありません。なぜなら、人間は作物を「生産」することはできませんし、それは「とれる」「できる」「なる」ものであり、天地からのめぐみであるからです。食べものは、本来経済価値に置き換えることができないものです。

第二原理：ナショナリズムよりパトリオティズム

発端　政府は日本農業の危機と言うけど、普段は自分の仕事を国のためにするという意識はない。

違和感　でもなぜ、国は栄えているのに、村は年々衰退していくのだろうか？

気づき　もともと国家が先にあったのではなく、村が先にあった。

結論へ　在所の価値が守れなくて、国家の価値が守れるのだろうか。

発見　まずは在所の世界を守るのが、私の役目であり、国家はそれを支えるべきだ

展開　ナショナリズムよりもパトリオティズムを重視する社会にしたい。

理論化　農は国民国家のためにあるのではなく、何よりも生業でした。つまり、産業である前に、そこに生きる人間のくらしの場を豊かにし、それとつながる人たちに天地のめぐみをお裾分けするものです。在所は生業に生きるものたちの共同体であり、農にとってもっとも大切な土台でした。このことを忘れた国家は危険な国家です。

第三原理：百姓仕事の喜びこそが人生の土台

発端　社会は発展してきたけど、なぜゆっくり百姓仕事ができないようになったのだろうか？

違和感　以前はこんなに時間に追われることはなかったのに。
気づき　仕事の最中はすべてを忘れているのに、それ以外の時は悩みが多いな。
結論へ　自然に包まれる感覚は、百姓仕事の大事な性質だ。
発見　自然と一体化することができる百姓仕事こそがいちばん人間らしい仕事だ。
展開　自然と人間の共同体（天地有情の共同体）こそが、人間社会の土台だ。
理論化　「仕事がはかどる」のは、天地有情の共同体の中で人間と他の生きものとの関係がうまくいったことを表わしています。天地の中の暗黙の「規」を超えない範囲で、より豊かにめぐみを引き出す仕事ができたということです。これは天地自然に没入し、自己を忘れ、時を忘れ、世界を忘れるときに訪れてくれます。

農本主義の三大原理がどのようにして気づかれたのか、あるいは実感するようになったのかを、発端から徐々に段階を追って深まっていく様子をできるだけ、百姓の実感に寄り添って記述してみました。

もちろん本文中でも説明したように、これらの「原理」は近代化社会の主流の価値観に対抗するために、外からのまなざしを利用しながら、内からのまなざしと連結させて、理論化・思想化しようとするものですから、順序よく進行・深化するものではありません。行きつ戻りつ、停滞しながらもあるときハッと気づいたりしながら、表現が整っていくものです。

ただ、上の記述は少し表現が整いすぎて、生々しさが欠けているのが難点です。そこで、もっと整理する前の世界に近づいてみましょう。

ナショナルな価値がないものを支え続ける百姓

先年ある村を訪れました。村へと続く道の両側には、大人の背丈を越すほどの葦(あし)が生い茂っていました。圧倒されて、そしてうちひしがれる思いでした。途中で葦原が途切れ、田んぼがあるところに来ると、ほんとうにほっとします。もちろん元は一面の田んぼだったのです。今では一面の葦原で、一部に田んぼが閉じこめられたようにあるのです。涙をこぼさなければ歩けない道でした。

途中で、草刈りをする年寄りの百姓に出会って、話を聞くことができました。五反ほどをかろうじて田植えしているそうです。「この葦原をどうにかしようと考えないのですか」とおそるおそる無礼にも尋ねてみたら、百姓は私の顔を見て言いました。「せめて、この五反を耕す以外に何ができようか」。彼にとって、この葦中の五反を田んぼであり続けさせることが、最大の村への貢献であり、荒れることへの防御であり、この世の現実への抵抗であり、先祖へのお詫びであり、自分への慰めであり、未来への期待なのです。

程度の違いはあっても、こういう百姓の人生が、この国のほとんどの村と野辺でくり返されています。葦原の中の田んぼが物語っているのは、ナショナルな価値として救えなかったものを、個人の人生（無意識のパトリオティズム）がささやかに支えているということです。しかもその風景は、「あと、何年続くのかわからんが、死ぬまで田をつくり続けるしかない」と言うその百姓の気概と情念で、かろうじて崩壊を免れています。そのことに、私はあらためて涙するしかありませんでした。

この百姓の情念に怒りを点火して、農そのものをナショナルな価値として認知させることはもう不可能なのでしょうか。こうした事態に追い詰めた国家の責任を問い詰めることはできないのでしょうか。葦原の中の田んぼを耕し続ける無意識のパトリオティズム〈b〉を、意識的なパトリオティズム〈B〉にして、ナショナリズム〈a〉〈A〉にとって代わらせなければなりません。

カネにならないもの

戦後の農本主義が表向き終焉を迎えた後、三〇年ほど経って生まれた「農と自然の研究所」こそは、新しい農本主義の「原理」を再形成するために設立されたと言ってもいいでしょう。このことについて、このNPOの代表を務めた私なりの、かなり一面的なとらえ方であることは承知のうえで、語ることにします。

「農と自然の研究所」は一〇年間の使命を遂げて、二〇一〇年（平成二十二年）四月十七日に解散しました。この研究所がやってきたこととは、田畑や村の中からのまなざしを、意識的なパトリオティズム〈B〉として育てることでした。そしてこのパトリオティズム〈B〉をもうひとつのナショナリズムとして、国民国家の視点に立った外側からのナショナリズムに対抗させることだったのです。

農と自然の研究所は設立趣意書（二〇〇〇年〈平成十二年〉）でこのことをしっかり唱っています。

赤とんぼは人に親しまれ、詩に歌われ、群れ飛ぶ風景は十分に表現されてきましたが、それが田んぼで生まれていることは、まして百姓仕事によって育まれていることは、水田稲作二四〇〇年間の歴史の中で、一度も表現されることはなかったのです。それは当然と言えば当然のことでした。（中略）とうとう、ここに至っては赤とんぼが田んぼで生まれていることを表現しなければならなくなったのです。こうした時代精神は幸せとは言いがたいものです。でも、ここにしかまた可能性も見えて来ないのです。

ところが『農』がこの国の自然をどう形成しているのか、百姓仕事が自然をどう支え、どう変化させているのかは、とても重要なことなのに、ほとんどわかっていません。たとえば畦に咲く花にどういう価値があるのでしょうか。どうして生きものは田んぼに集まってくるのでしょうか。（中略）

この研究所は農が生み出すカネにならないものを、百姓が胸を張って表現し、国民がその通りだと言って支援するための思想や、事実や、摂理や、農法や、情報や、感性を深めるために設立されます。赤とんぼや棚田や畦花は例に過ぎません。あまりにも多くのモノが手つかずで野に吹きさらされています。この研究所は百姓仕事の中で、一つひとつそれをひろっていくのです。

ようするに、「農のカネにならない世界の発掘と表現と評価のための思想と仕組みをつくる」ためにこの研究所は存在していく、と宣言していたのです。この「カネにならないもの」こそ、資本主義の核である経済至上主義と近代化精神に対抗するものです。これこそ「農の原理」として、今日的な目でとらえ直し、表現し直さなければならないと考えたのです。しかしそれは具体的にはどういうもので、資本主義に対抗するほどに育ったのでしょうか。

カネにならない世界とは、資本主義に見捨てられた世界ではなく、資本主義が手を着けることができなかった世界だと認識するところから、新しい農本主義は出立します。そこで、カネにならないものを救出するための一つの政策案を政府に要求することになります。カネにならないものの最たるものが自然環境ですが、この百姓仕事が生み出している自然を守るために、従来の生産振興政策ではなく「環境支払い」を、私たちは提案してきました。

近代化にストップをかけるために、カネにならないものを支えている仕事への支援を「環境支払い」で行なうのです。つまり百姓仕事はカネにならないものまでも生産しているので、資本主義や市場経済の外に出そうという発想です。

農業に近代化を求めないということは、資本主義的な費用対効果とか、生産性とか、経営能力を、農業には持ち込まないことであり、カネにならない価値をカネにならないままに認めて、持続性や安定性や存在自体を大切にするという思想です。この立場からは、身近な自然環境とそれを生み出してきた（近代化されていない）百姓仕事こそ守るべき価値があるということになります。百姓仕事を無視したところには、自然へのまなざしは形成できないという立場です。つまりカネにならないものを農はいっぱい「生産」しているという主張なのです。このように農と自然の研究所は主張してきましたが、それは、新しい農本主義の表明でもあったのです。

したがって、私たちは自然を内からつかもうとする百姓仕事を取り戻したいと考えました。「自然（Nature）」とは、自然の外から自然を見たときの眺めであって、自然の中に住む生きものには、自然という外側からの概念は生まれないし、意識できません。この新しい「自然」概念が、今では日本人の骨の髄までしみているので、むしろ自然の外と内とを行き来する「新しい方法」が必要になっているのです。百姓仕事の最大の魅力は、自然を内から眺めようとするそのまなざしそのものですが、それを表現するときに自然の外にも出ないといけないのです。

そこでその内からのまなざしを「生きもの調査」という自然の内と外を行き来する方法にして、百姓仕事に埋め込み、「環境支払い」の中心に据える、というのが私たちの戦略です。生きものへのまなざしこそが百姓仕事の核であるし、自然を深くとらえる営みだという信念に基づいています。百姓仕事を抜きにして、科学や経済で、「環境支払い」という政策を牛耳られたくないからです。

生きもの調査のねらい

「生きもの調査による環境支払い」と言っても、ぴんとこない人が多いでしょう。まず私はこの「調査」という用語が気に入りません。そこで当初は「目録づくり」「台帳づくり」と呼んでいたのですが、それは「結果」を表わす言葉です。調査の結果生きものの目録や台帳ができるというのですから。こうなると結果にばかり目が行き、肝心の百姓仕事が表現されない可能性があります。だからといって「調査」と言うと、科学的なモニタリングやアセスメントとの違いが紛らわしくなります。私の本意は百姓のまなざしの再建にあります。調査結果の数値などを厳密に科学的に判断し評価するのとは目指す方向が違うのです。なぜならこれは自然の内と外を行き来する工夫なのですから。そこで、調査のやり方を工夫しました。

まずは田んぼの中を端から端まで歩きます。ゆっくり生きものを探しながら歩くのですから、せいぜい三条（三列間）を二〇〜三〇ｍほど、一〇〜一五分ほどかけて、時々水の中や株元をのぞき込みながら、歩くのです。そこで目にした生きものの種類や数を記憶し、畦に上がってから記録するのです。もちろん初心者は名前を知らない生きものが圧倒的に多いでしょう。しかし、名前はわからなくても、今までに目にしたことのある生きものたちですから、そのうちに研修やガイドブックや仲間から覚えるものです。

さて、「環境支払い」の手順を、田んぼを例にとって簡単に説明しましょう。

(1) 田んぼで生きものを調べるための「ガイドブック」が地元の「専門家」（百姓も含む）によって作成されます。そこには調べる対象種（指標種）がカラー写真で掲載されています（福岡県では一〇〇種ですが、それぞれの地方で指標種が異なるでしょうし、その種数も地方で決めます）。

(2) 百姓は生きもの調査のやりかたの研修を受けます。これは調査のための研修というよりも、自身の勉強のため、百姓のまなざしを豊かにするための修練という意味があります。

⑶ 研修を受けた百姓は、田んぼの生きものを前に述べたような簡単な方法で調査します。
⑷ そこで、地域で定めた「生きもの指標」にあげられた生きもののうち、三分の一がいれば「環境支払い」を受けられます。金額は百姓と地方自治体と議会によって定められます。

これはもちろん国の政策として実施してもいいのですが、自然環境を全国画一的に扱うのは、不可能ですから、できるかぎり地方自治体が実施主体になったほうがいいでしょう。もちろん、百姓の団体や生協や農協や企業がやってもいいのです。

ここで生きもの調査をもう一五年あまりやってきた私の発見を紹介することにしましょう。どこで生きもの調査をやっても、ほとんどの百姓が「まだこんなに生きものがいたのか」と驚くのでした。それだけではありません。「これも農薬を散布しなくなった成果ですね」「おかげで田まわりの時間がふえました」「田まわりの時に生きものが気になるようになりました」「生きものについての会話が家族でも、村でも増えました」という声を聞くたびに、これでカネにならないものを支えている百姓仕事が守られる、と実感しました。

ところが、面白いことが生じてきました。生きもの調査に子どもたちが参加するようになったのです。いや正確に言うと、百姓が子どもたちを参加させるのです。それは、生きもの調査自体が楽しいからです。百姓自身も田んぼのほんとうの価値を見つけて表現するための手段ではなく、生きもの調査自体が目的となっていっているのです。そして、私は膝をたたいたのでした。生きもの調査を百姓仕事にするのではなく、百姓仕事の中のまなざしの部分が「生きもの調査」として引っ張り出されているだけだと、気づいたのでした。

別に新しいことを始めたわけではなかったのです。百姓仕事から「農業技術」が抽出されるときに（ほんとうはそういう体裁をとっているだけで、近代的な農業技術と百姓仕事は別世界のものだと言ったほうがいいのですが）置き去りにされたものの土台部分を、生きもの調査としてまとめただけの話だったのです。

考えてみれば、百姓は仕事の最中で、さまざまな生きものと目を合わせます。害虫や益虫だけでなく、ただの虫とも目を合わせます。このことの意味を農学はとらえることはありませんでしたし、農政もそうです。しかし新しい農本主義は百姓の情愛と情念も土台にする以上、ここにこそ資本主義が手を伸ばせなかった豊かな世界を見るのです。

旧・農本主義は、百姓仕事の喜びを天地自然への没入に求めましたが、その頃の自然環境はまだ危機に瀕してはおらず、あたりまえに存在していました。それゆえに自然環境自体は無価値でした。したがって彼らの天地有情へのまなざしは表現としてはほとんど残されていませんし、引き継がれていません。現在とは、ここが決定的に異なります。今日、自然環境はそれ自体が価値になっています。もちろんカネにはなりませんが、価値は万人が認めています。それを外側からの見方で留まらせないためには、それが百姓仕事によって守られて（場合によっては破壊されて）いることも、しっかり百姓のまなざしでつかみ、百姓の言葉で表現しなければならないのです。

ほとんどの百姓は生きものの減少などの危機感は感じています。ところが百姓自身のまなざしも近代化されてきているので、自分の田畑にどのような生きものがどれくらいいるのか、把握していないのです。これでは話にならないから、「生きもの調査」で百姓仕事の本体を取り戻そうとしているのです。

二〇〇五年（平成十七年）から福岡県では、田んぼの生物多様性への環境支払いの本格的な試行実施が実現しました。このときも、経営よりも、生きものよりも、百姓の生きものへのまなざしの養成を主眼においたのは、百姓仕事の内からのまなざしのすごさを再認識していきたかったからです。

資本主義が手を伸ばせなかった世界

山下惣一は言っています。「農業は生きていくための手段であって、目的ではない」と。それは国民国家の側が、農業の目的は国民の食料の確保であるとか、産業として自立した農業であるべきだなどと、百姓に押し付けてくることへの反発にちがいありません。百姓として生きていくための目的も、国家や国民から指示されたくないという百姓の気概なのでしょう。

しかし私は、農業は手段である前に、生き方であったと思います。国民国家の言い方とは全く対極にある言い方をすれば、農で生きることそのことが、一人ひとりの人生の目的であっていいでしょう。それは国民国家が言う「食料生産」や「国益」や「国土や自然環境の保全」という積極的な目的とは、まったく次元が異なるものです。国民国家は農業を池の外から見ていますが、百姓は池の中から見ているのです。池の中の鮒には、自分の人生が国民のために役立っているとか、どれほどの役割を果たしているとかいう視点はありません。ただ在所で、生き生きと生きているだけです。その結果、池も豊かに守られているだけのことです。

それでは、池の外からの大所高所に立った見解に対して見劣りがする、と現在ではほとんどの人が思うかもしれません。やはり「日本農業を守るため」と言ったほうが、スケールが大きく、視野が広いと思うでしょう。池の中の鮒には、日本農業は論じられないだろう、と思う人も多いでしょう。しかし、「日本農業」と言った途端に、まなざしは国民国家のまなざしとなることに、もうほとんどの日本人が気づかなくなりました。それほどに、国民化は進み、国民国家は国民の心の中に定着しましたし、外からのまなざしは主流になってしまいました。

山下惣一の言葉の真意は、国民国家のための農業ではなく、自分のための、家族のための、村のための農業である、と言うところにあります。それで何が悪い、と断言するのが、内からの思想化です。農業を所得を得るための手段とみる見方は、現在では主流ですが、かつてはそうではありませんでした。なぜなら、所得のことを忘れて仕事することなど茶飯事で、まして所得につながらなくてもしなければならない仕事はいっぱいありました。そのうちから所得につながる部分、つまり資本主義に組み込める部分のみを取り上げて「農業経営」だとしたのは、農学の発明で最近になって広がったものにすぎません。

一時期、ポストモダンがもてはやされ、近代化という大きな物語は終焉を迎えたと言っていましたが、村の中に住んでいるとそういう認識は虚妄のような気がしていました。村の中では、資本主義が大手を振って歩く大きな物語は健在です。資本主義はこれから環境分野に手を伸ばして、そこを拠り所にして経済成長を続け（持続的な社会を形成し）人類はさらに幸せになる、という物語はまだ色あせてはいません。だから焦るのです。このままでは、カネにならない世界に資本主義の魔の手が及ぶと。

資本主義が手を着けきれない世界を一言で言うのは難しいことですが、科学ではつかめない世界、経済価値では表現できないものの一切であると言えばいいでしょうか。百姓仕事が生み出す自然、それを支える生きものや大地へのまなざし、働きかける技とそれを伝えたいと思う気持ち、家族や村や人間へのいとしさ、自分がここで生きているという世界認識、きれいな風景への憧憬、そして引き受けて生きる人生などの諸々です。それは、池の中の住人になれば、あたりまえに見えている世界ですが、外からは容易には見えないものです。だからこそ、手が伸ばせなかったのです。

たしかに、在所の生きものへのまなざしは、近代化や資本主義の浸透によって、確実に衰えてきましたが、まなざし本体には、手は伸ばせていません。外堀を埋められただけですから、「生きもの調査」などの反近代の工夫を案出すればいつでも復活できるのです。新しい農本主義はここに目を付けていくのです。そのための武器を、生きもの調査をはじめいくつも編み出してきたのが農と自然の研究所の一〇年だったと言えるでしょう。

資本主義から農本主義へ

資本主義には経済成長が不可欠です。なぜなら経済成長が止まると資本主義が破綻するからです。

私が言っているのではありません。経済学者のほとんどが言っていることです。たしかに経済成長するから、失業者も減り、税収も増えます。その税金をさらに経済成長の支援につぎ込めるし、福祉や環境にも回すことができます。いいことだらけのようです。だから政府は「成長戦略」をしゃにむに推進したがるのです。しかし、そのためには「欲望」が肥大化しなければならないでしょう。あるいは人口が増え続けなくてはならないでしょう。格好よく言えば消費が拡大しなければならないでしょう。しかし、これ以上日本に何か欠乏しているものがあるのでしょうか。ないからこそ、輸出に需要を求めていくのでしょう。

私たち庶民はそれくらいにしか考えられないから、資本主義の本性を見抜けないのかもしれません。資本主義の本質は、あくまでも「資本」が増え続けないといけないのだそうです。資本が増えないところでは、投資もありえないし、資本家は存在価値を失うそうです。私は金融経済などとは無縁に生きていますから実感できませんが、金融経済ではすでに国境などはないそうです。だからこそ、経済成長しないと資本が外国に逃げていくと危惧しているようです。

しかし、経済成長すればするほど、成長しない産業は衰退し失業者が出るばかりか、大切な仕事が失われていきます。労働はさらに生産性を追求させられて荒れていきます。そして効率の悪い仕事は海外から輸入されるようになります。これも分業のうちなのでしょう。当然ながら自然環境も破壊され、カネにならない世界へのまなざしは根底から崩壊していきます。

ところが、日本ではもうこれ以上の経済成長を望むのは無理なのではないか、という見方が出てきています。百年後の日本の人口は、現在の三分の一になるそうです。ちょうど明治維新の頃の人口に戻るのです。現に二〇〇八年（平成二十年）から人口は減り続け、成人式を迎える人口は、私たち団塊世代が成人していた一九七〇年（昭和四十五年）の半分です。それなのに、まだまだ経済成長させようとすること自体が無理なのは誰だってわかりそうなものです。

さらに石油の生産は二〇〇八年をピークに減り続けていますから、これから石油価格が下落することは一時的にはありえても、長期的にはないでしょう。世界貿易の七〇％は海運だそうですから、船舶の燃料の上昇は、自由貿易にも暗い影を投げかけています。

少なくとも、世界の資本主義の先進国の中で、最初に人口が減り始めたこの日本国では、無理に経済成長路線を続け、大混乱を引き起こして資本主義の終末を迎えるのではなく、ゆっくり静かに資本主義を終わらせる道すじを考えるべきでしょう。資本主義の終末を怖がる必要はありません。欲望を鎮め、四、五十年前のくらしに戻ればいいでしょう。不要なものを欲しがらずに、つつましく、たおやかに生きていけばいいでしょう。天地有情の共同体が持続していけばいいのです。そろそろ、そのための準備を農本主義者たちは考えているのです。

農本主義の時代へ

そうは言っても、たぶんこの国の政党は経済成長路線を捨てられずに、経済成長は早晩行き詰まり、資本主義は大混乱のうちに自滅していく可能性が大きいでしょう。しかし国家の資本主義が破綻しても、在所のカネにならない世界が安泰なら、私たちが生きる世界は滅びることはないのです。

「国破れて、山河あり」がまた出現するのは必定です。

さて資本主義が終わるとするなら、これまで資本主義に牽引されてきたもろもろの思想や価値観は全面的に見直されることになります。一言で言うなら、カネにならない世界が大切にされるようになり、分業ではなく自給が、効率を求めるのではなく、安らかさ（持続と安定）がものの考え方の基本に据えられるようになるでしょう。

そういう意味では、農本主義の行方には、共感の手がさしのべられています。その共感、同感の花束は、人間だけでなく、ほとんどの生きものから投げ込まれています。そこでもう一度、農本主義が掲げる「農の原理」のうち、とくに重要だと私が考える三つの「原理」が未来に向ける光について語りましょう。もちろん、この三つから漏れるものもかなりあることは、忘れてはなりませんし、他のまとめ方もあることを認めながらのことです。

また、以下の順番もそれほど大きな意味はありません。話が進めやすいように、順番を付けているだけです。

第一原理：脱近代

農本主義者の近代化への嫌悪は、それが国民国家の体質であることを見抜いていたからです。産業化、資本主義化、経済成長は農には合わない、という発見は今日ではさらに説得力を持つようになりました。もともと生きものは経済で生きてきたのではないのですから。農本主義の第一原理は、近代化はけっして普遍的なものではなく、ほどほどにしておかないと近代化してはならないものまで滅ぼすことになる、という気づきです。人間や生きものの生は本質的に近代化できないのではないでしょうか。なぜなら近代化できない世界が救いとして見えるようになってきたからです。「天地有情の共同体」は抵抗の根拠としてだけではなく、希望としても見えています。

第二原理：在所の価値の重視

ナショナルな価値は近代の国民国家が創作したものだということは、言うまでもありません。大日本帝国はアジア太平洋戦争で敗れましたが、在所は、自然は、山河はちゃんと残りました。もともと国家よりも在所が土台ですから、戦後の日本国もそれを土台にして、復興したことを忘れてはならないでしょう。さらに資本主義が終わっても、山河（天地自然）だけでも傷つけないで残しておけば、何の心配がありましょう。

ふるさとや在所が（そして「天地有情の共同体」が）あればこそ国民国家も成り立つことができるという事実が農本主義を力づけてくれます。

第三原理：仕事の喜び

生きものと人間の関係に、効率を求めることは破廉恥なことでした。しかし、近代人は自分たちの生を豊かにするために、その過ちをおかしたのです。その結果、仕事は労働に堕落し、疎外感に包まれています。かつての農本主義者はこのことをもっともおそれていましたし、そこから脱出する道を百姓仕事に求め、自然への没入、天地に抱かれる農にそれを見出したのです。

時を忘れ、我を忘れ、社会を忘れ、仕事に没頭することこそがもっとも人間らしい喜びだ、という農本主義の眼力は、いよいよ未来社会で評価されるでしょう。これは新しいスタイルの「求道」なのです。さらにこのときに見えてくる「天地有情の共同体」の豊かさが、食べものに替わって農が生み出す価値の最大のものとなります。

これ以外にも「農の原理」（農の価値）はいっぱいあるでしょう。しかし、それらを集めればキリスト教の聖書やイスラム教典にも似た「農の原典」がやがてできあがると考えてはいけません。統一教典ができること自体が、危ない兆候です。なぜなら一人ひとりの「農の原理」の探求が意味をなさなくなるからです。農本主義は一人ひとりの「求道」こそが大切だと思うからです。国民国家や資本主義社会に対峙するには、教典によってではなく、一人ひとりの思いと情愛のつながりによってこそ、可能になるものです。

もうひとつ大切なことを付け加えておかなければなりません。農の原理とは、ほんとうはあまりにもあたりまえのことだから、ほとんどの百姓は表現することがないのです。その必要性がないからです。「仕事の最中は、すべてを忘れて没頭しているのは、近代的な時間や労働という概念に縛られていないからだ」と言おうものなら、「そんな小難しいことを考えているなら没頭してない証拠だ」と叱られるのが落ちでしょう。

つまり、ほとんどの農本主義者は「原理」を言葉では表現していないというのが現実なのです。ということは、それをあえて「原理」などと表現している人間はどのような人種なのでしょうか。

普段は誰も語らないことを語るのですから、異常な性格の人でしょうか、ことさらに自己表現を好む人でしょうか、それともやむにやまれず口を開く人でしょうか、懸命にあたりまえのことに特別な価値を塗り込めようとする人でしょうか。

言葉で表現する人は「表現者」の自覚がある人たちです。そういう人たちもいなければなりません。そういう表現者がいればこそ、表現しない人たちの思いも代弁できるのです。

農本主義者は「農の原理」を探し求める「求道」と、社会への異議申し立て、一矢報いる生き方の間を揺れ動くことになるでしょう。しかし、つねに帰っていく場所は仕事、「求道」であり、パトリであり、近代化されていないところです。それは自分の中にもあり、家族にもあり、村の中にも、天地の中にも、至るところにある、天地有情の共同体です。

生き方が大切

新しい農本主義の典型をお目にかけましょう。「今日も、赤とんぼがいっぱい飛んでいた」と話している百姓がいます。ほとんどの人は「それがどうした」と思うでしょう。あるいは聞く耳を持っている人も「赤とんぼ」のことを語っていると思うでしょう。しかし、ほんとうはこの百姓は自分の赤とんぼへのまなざしを表現しているのです。なぜなら、赤とんぼがいても、それを見つめる生き方をしていないならば、その赤とんぼはいないも同然だからです。

赤とんぼの絶滅の危機には、科学者なら赤とんぼの数を殖やすことで対応するでしょう。それは一面的な対応です。むしろ赤とんぼへのまなざし、赤とんぼとのつきあいで育んだ天地有情の共同体の死守こそが、ほんとうの目的に据えられるべきではないでしょうか。赤とんぼを見つめるその人の生き方のほうが断然重要です。誤解しないでください。赤とんぼよりも人間が大切だと言っているのではありません。

カネにならない赤とんぼを見つめ、その赤とんぼが生きている田んぼと在所を大切にし、赤とんぼの危機をわがことのように感じて救おうとする人の人生は、むしろ経済を押し立てる人間中心主義とは対極になるもので、資本主義にほんとうに対抗する生き方です。それこそが農本主義者だと言ってもいいものです。

「その程度のものなのか」というため息が聞こえてきそうですが、権力奪取による要求実現の運動論に凝り固まった人たちには、このような消極的な価値で武装した生き方のラディカルさがわからないでしょう。新しい農本主義は、静かに、ささやかに、野に咲くのです。権力への憤怒はその花の色の深さに秘めればよいでしょう。

私は、ナショナルな価値（国益）を経済（カネ）で考えるこの国の指導層に対して、いつも一矢報いたいと思っています。だが、暴力的な革命を起こしたり、すでにある権力を奪取して利用しようとは思いません。自分の生き方をもって、静かに示すだけです。

ただ、ひとつだけ新しい「武器」があります。旧・農本主義者が身につけることができなかった思想的な武器を私たちは発見したのです。この武器を振りかざすことは許してもらえるでしょう。それは、「日本の自然は百姓仕事によって生み出されたもの」であり、それゆえに「日本で最大の身近な自然は、田畑や里山」であり、その「自然を守るためには百姓仕事を守るしかない」という事実（原理）と、そこから引き出されてくる数々の表現です。

自然つまり天地有情の共同体の自給は、百姓仕事の自給によってもたらされ、この自然からのめぐみとして食料（農産物）がもたらされることが、国家にとっても「食料自給」の本質だったのに、なぜこの構造が見えなくなったのかは、これまでもう十分に語ってきました。

それを見えるように表現していけばいいのですが、取り除かなければならない障壁はいっぱい立ちふさがっています。それをひとつひとつ壊しながら、私たちは生きていきましょう。

赤とんぼへのまなざし・情愛からもうひとつのナショナリズムへ

私もよく「日本で生まれている赤とんぼの数は多めに見積もると約二〇〇億匹ですが、そのうち田んぼで生まれているのは九九％です」と語ります。この場合の二〇〇億匹はどういう意味を持っているのでしょうか。もちろん私はこの二〇〇億匹という数値を各地の仲間の調査結果を根拠として算出しているのですが、二〇〇億匹を実感しているわけではありません。数値が大きいから実感できないというのではなく、ニッポン全国にこれらの赤とんぼがいるということがすでに私の感覚を超えた世界のことなのです。つまり二〇〇億匹すべてに情愛を注ぐことは不可能だと言い換えてもいいでしょう。

赤とんぼへの情愛は一人ひとりの国民が抱きしめるパトリオティズム〈b〉であるし、かつてはそれで十分でした。いやそういう世界でしか交感できない相手だったと言うべきでしょう。それなのに、私はつい二〇〇億匹という規模を持ち出してしまいます。つい意識的に国家レベルのナショナルな価値にして守ろうとしているのです。一人ひとりの情愛であるパトリオティズム〈b〉を、無意識のナショナリズム〈a〉に接合しようとしているのかもしれません。そういう枠組みで考えてしまうところは、「食料自給率が四〇％では低すぎる」と発言する多くの国民と何ら変わりがないでしょう。しかし、食料自給率がともすれば、一人ひとりの食卓の自給率と切れたところから発言されるのに対して、赤とんぼの数はそうではありません。それはまだまだ一人ひとりの赤とんぼへのまなざし・情愛と切れたところでは語れないものですし、何よりも私は農本主義者として、それを意識的にナショナリズム〈A〉に対抗する「もうひとつのナショナリズム」（パトリオティズム〈B〉）として打ち立てようとしているのです。

しかし、やがて私の魂胆が実を結び、赤とんぼのマークが国旗に採用され、赤とんぼの歌が国歌になると、そのまなざしや情愛は在所と切れてしまうかもしれません。同じように、田んぼで生まれている赤とんぼに対して、農水省の環境支払いが始まると、赤とんぼも国家の財産になるかもしれません。したがって赤とんぼの価値がナショナルな価値になっても、赤とんぼが手元から離れていかないようにするために、一人ひとりの情愛のパトリオティズムと国民国家のナショナリズムは両立しなければならないでしょうし、つねに緊張関係になければならないのです。

ところが「宇根さん、大丈夫だよ。赤とんぼはけっして国家のナショナルな価値には格上げされないから、そういう配慮は無用だよ」と言われそうです。いやいや、資本主義社会が終わりを迎え、そのあとに農本主義社会に移行していくなら、そういう「おそれ」だって出てくるかもしれません。

私は赤とんぼをひとつの例として語ってきました。国家の積極的なナショナリズムである経済のために、多くのカネにならないものが滅んでいったことは記録に残しておかなければなりません。未来社会の建設のためにです。今後も自由貿易の推進によって、新たに滅んでいくものが出るかもしれません。だからこそ、「赤とんぼも畦道の野の花も、もう一つのナショナルな価値なんだ」と言う国民が一人でも増えてほしいのです。

一人ひとりの農本主義でいいのです。

人間の生きものへの情愛の多くは、
百姓仕事と百姓ぐらしから生まれてきたような気がします。
天地有情への情愛がないところでは、
パトリオティズムは育たないのではないでしょうか。
それにしてもなぜ百姓仕事は情愛を生み出すのでしょうか。

終章

情愛のふるさと

生きものとの交感

情愛は生きもの（もちろん人間も含みます）との間に生まれます。もちろん土地や物に対する情愛もあるでしょうが、そう言えるのは、土地や物が単なる物体ではなく、魂や命や、そして思い出が宿った所や物だからです。生きものだって、その生きものの魂や命や思いとの交感がなければ、ただの「生物（せいぶつ）」にすぎないのです。

草にたとえるならば、草と人間のつきあいで最も深い世界の扉が開くのは草とりでしょう。それも手どり、手刈りに限ります。百姓が虫よりも草の名前のほうをよく知っているのは、いつも手でとりながら、草と話をしていたからです。話をする相手の名前を知らないで、呼ばないで済むはずがありません。しかもこの場合の情愛は有用性とはほとんど無縁です。草は「雑草」ではありません。蓬（よもぎ）であり、嫁菜（よめな）であり、茅（かや）であり、はこべなのです（この名前だって、その村の言葉で呼ばれていました）。もちろん草とりをして、取り除こうとしているのですが、この行為も決して「除草」ではありません。なぜなら「除草」は、駆除や排除や防除という近代的な思考の範疇に属していますから、情愛が生まれるはずがないのです。これは草とりと除草の決定的な違いになります。

なぜ「除草技術」は、情愛を生み出さないのでしょうか。これはとても重要なことです。なぜならば、除草技術の発達・普及によって、パトリオティズムが衰えるからです。「除草技術」が情愛を生み出さないのは、生きものの生に効率を求める資本主義の価値観を背負っているからです。ナショナルな価値を優先させる使命を帯びていると言ってもいいでしょう。だからこそ、それは「農政」や「日本農学」の裏付けがあり、それがなければ登場することもなかったものです。言うまでもなく、近代化技術とは国家が推進してきたものですから当然のことです。それは一人ひとりの人生とは無縁なところで発想され、研究され、評価され、普及されてきたからだとも言えます。

このような「除草」の精神におかされた人には、草とりは「苦役」や「単純作業」や「ルーチンワーク」に見えるのは仕方がないことです。それはひとつの見え方にすぎませんが、近代化された社会では、そういう見方をする人のほうが多数派でしょう。これこそが、パトリオティズムの最大の敵なのではないでしょうか。

この本の最後に情愛を取り上げるのは、国民国家のナショナリズムは、近代化技術や成長戦略というかたちをとって、百姓の天地有情への情愛を無視するだけでなく、滅ぼそうとまでしているからです。情愛こそがパトリオティズムの母体です。このような情愛がなければ、パトリオティズムも自然に育つはずがありません。

このことをもう一度確認しておきましょう。3・11以降、「がんばろうニッポン!」とさかんに言われます。しかし、そこに込められているのは、震災によってニッポン国の経済が落ち込まないようにがんばる、という意味だけではありません。むしろ被災した人や地域への情愛(共苦と共感)をニッポンに住む人間として共有しようというのが本来の意味ではなかったでしょうか。

岩手県大槌町で津波で家を失った人の話を直接聞いたときには心打たれました。自宅を失った彼は、ある日瓦礫の上にいる雀が目にとまったのだそうです。そのときに「そうか雀たちも巣をつくる家がなくなって困っているのか」と思ったそうです。彼はこうも言いました。「震災復興というと経済的な復興ばかりが取り組まれていて、もっと大切なものの復興が置き去りにされているのではないかと不安になる」と。

この人には、経済の土台を見るまなざしの深さがあります。同じ世界に生きる生きものへの情愛を、震災でも失っていません。だからこそ、経済的な価値だけがナショナルな価値ではないと、少なくともそこに住むニッポン人にとっては、雀への情愛に象徴されるものが深い土台にあると彼は感じ、同じニッポン人である私に話したのでしょう。

雀の巣を心配している彼の情愛や、草とりしながら草に話しかける私の情愛を、国家は馬鹿にするでしょう。いや完全に無視するでしょう。べつに国家にそれをわかってほしい、認知してほしいとは思いません。しかし、同じ国民ならわがことのように感じてほしいと願うだけです。そうでないと積極的なナショナリズム〈A〉だけが横行することになります。

このささやかで個人的な、あるいは家族や地域への情愛を私は「もうひとつのナショナリズム」（意識的なパトリオティズム〈B〉）として位置づけ、あるときは表のナショナリズムに対抗させ、あるときは「ナショナリズムの土台であると」とまで主張してきました。一人ひとりの思いに閉じられがちなパトリオティズムをより広く深い情愛感覚に仕立てて、この情愛を滅ぼそうとするナショナリズムに対抗するように自覚を促してきたのです。

そこで、この終章の本題に入っていきましょう。このような情愛はなぜ生まれるのでしょうか。そしてなぜそれはパトリオティズムにとって不可欠なのでしょうか。

なぜ私たちは花に惹かれるのか

秋になると私は手刈りした稲株を田んぼで二日間地干した後、それを架け干しの竹にかけていきます。ひとつの稲束に一緒にくくられている溝蕎麦（みぞそば）に目がとまりました。葉は萎れていますが花は鮮やかな桃色が残っていました。私は一瞬「可愛い」と感じました。しかし、すぐに次の株に手がかかると、もうこのことは忘れてしまいます。私もこうしてここに書き付けないなら、また来年の稲干しのときまで忘れているでしょう。こうした一瞬の情愛が百姓仕事によって生まれ、百姓の体に充填され、蓄積していくのではないでしょうか。

しかし、なぜ私たちは花に惹かれるのでしょうか。人間の情愛がどこから生まれてくるかを、花に惹かれる人間の心をのぞき込みながら、考えてみましょう。

日本人は桜が好きだと言われていますが、私は染井吉野よりも山桜のほうがきれいだと思います。それは小さい頃から、この桜のほうを身近に見てきたからです。現代では桜の花見はいよいよ盛んになっています。そこで、桜という和語の語源を探ると面白いことに気づきます。「サクラ」という語は、「サ」と「クラ」に分けられます。「サ」は「サナブリ」「早乙女」「早苗」と言うときのサで、穀物の神、とくに稲の神を表わしています。サナブリとは、田植えが終わり、「サ」が田んぼに舞い降りて（降ってきて）居座ってくださったことをお祝いする行事で、全国各地で現在でも行なわれています（ナは尊称です）。早乙女（サオトメ）は女性のほうが稲の神様の力を苗に込める能力が強いと考えられていた時代の呼称です。田植えするのは女に限ると考えられていました。早苗も稲の神（サ）が宿る苗の敬称です。

「クラ」とは、座のことで、座る場所のことです。馬の背にかける鞍も同じ意味ですが、御所で天皇が座る座である、「高御座（タカミクラ）」の「座（クラ）」と同じ言葉です。つまり「サクラ」とは、稲の神様が座る場所という意味なのです。

春になると山に山桜が咲き始めます。ひときわ目立つだけでなく、百姓にとっては田植えの準備にかかる時期を知らせてくれていたのです。「今年も稲の神があそこに座られた」と感じ、そのサクラの枝を伐ってきて、田の畦に立てて、「サ」を迎える行事を行ったのです。こうして田をつくる百姓にとって、桜は特別の価値を持つ花となりました。こうして田を起こし、種籾を水につける時期に咲く山桜を、春を告げる使者として受けとめるからこそ、桜への情愛は強固になっていったのでしょう。

桜が好きな日本人が多いということは、こうした百姓仕事の季節感の影響が大きかったと思われます。サクラに稲の神を感じる気持ちは、桜の花への情愛を生み出し、山桜の花をきれいだという感覚になり、やがて「花見」の習慣につながったと考えられます。

そこで、情愛と「美」の関係について考えてみます。百姓と日本人の「美意識」が、自然と人間との関係から生まれることを証明する面白い事例があります。コスモスと背高泡立草を比べてみましょう。ある生態学者が背高泡立草もアメリカの園芸種だからコスモスに劣らず美しい、と主張していたことを思い出したからです。彼は、それなのになぜ背高泡立草を日本人は毛嫌いするのかと怒っていました。これは面白い指摘でした。もし草から「美」だけを抽出できるなら、この意見も成り立つでしょう。しかし私たちはこういう感覚で花を見ているのではありません。コスモスは人間の手入れによって花開きますが、背高泡立草は人間の手入れが届かないところでだけ花開きます。荒れた場所に咲く、荒れ果てた証拠として私たちに迫ってくるのです。ある村では「背高泡立草を一本も見かけない美しい村づくり」がスローガンになっているくらいです。

これは背高泡立草を嫌悪しているのではなく、百姓仕事が放棄された田畑や里地の荒廃を嫌悪しているのです。そういう場所に、たまたまこの侵入種が入り込みやすかっただけの話です。背高泡立草には気の毒ですが、この草はそういう場所とセットで現われた以上、きれいな花になりえないのです。花だけを見れば、さすがに園芸品種だけのことはあって華やかさも感じられますが、美感とはそういうものではないのです。日本人は背高泡立草をなかなか「きれい」だとは感じることができないのは、この花に情愛を注ぐことができないからです。

花のほうから見ると

私は「ただの虫」という日本的な概念の提案者の一人と見なされていますが、この頃ではただの虫に対して少し違った気持ちが出てきました。たしかに稲との関係から見れば、「害虫・益虫・ただの虫」という分類が生まれ、世界認識が虫全体に広がり深まったのは事実です。稲に花粉を集めにやって来る蜜蜂は、この分類では益虫ということになります。しかし、それは私たち人間がそう分類しているのであって、つまりはそのように世界を見ようとしているのであって、稲はほんとうにそう見ているでしょうか。

稲にとっては、害虫と益虫とただの虫は区別され、差別されているでしょうか。害虫は嫌いだが、益虫は好きだ、ただの虫はどうでもいい、と思っているとは考えられません。稲はすべての生きものを引き受けているように思われます。もちろん害虫からかじられたり、病原菌が侵入したりすると防御反応を示します。しかし、稲は自家受粉するので蜜蜂などは無用なはずなのに、拒否したりはしません。そもそも、それなら花粉をそんなに籾殻の外にこれ見よがしにはみださなくてもよさそうなのに、と私は思うくらいです。

この稲を「花」と言い換えるとどうなるでしょうか。花は虫と人間を区別していないことになります。寄ってくるものをすべて引き受けてしまうのです。これが生きものの本性だと私は思います。これは、明治期までの日本人は害虫という概念を持っていなかったこととも通じることです。多くの花は人間を拒絶しません（もちろん、ごく一部に毒のある花もありますが）。このことはとても大切なことではないでしょうか。

花は虫を引きつけるために、華やかな花や甘い蜜を用意したのだと思われます。しかし、どうして人間まで引きつけてしまうのでしょうか。人間を引きつけていいことがあるのでしょうか。むしろ飾られるために手折られてしまうのがおちでしょう。

たしかにきれいな花は手折られはしますが、また来年も手折るために保存されることになり、結果的に大切にされることになると思われます。しかし、すべての花が目立ってきれいではないところを見ると、たぶん花は人間のことなど期待してはいなかったと考えるほうが正しいでしょう。

むしろ人間のほうが、なぜ花に引きつけられる生きものに近いかを考えるのが自然でしょう。花が引きつけようとした生きものの一員が人間だとは考えられないでしょうか。いやそう感じることができるのではないでしょうか。人間はこのことを忘れています。そして「無意識に引きつけられる」と言います。これが立派な証明ではないでしょうか。

先ほどから、「花」と一括して考えていますが、これはかなり偏ったくくり方だとは承知しています。この場合の花は、かなりきれいな花を想定しますが、花には花弁が目立つ大きな形や色のものばかりではありません。また香りもさまざまで、香りのないものも少なくありません。生物学的な花ならそうでしょうが、私たちは花というと花弁が目立つもので、人間にとって芳香のある花で代表させてしまいます。それでいいのだと思います。それが人間という生きもの感性だからです。花は突然、色や形や香りを伴って目の前に現われます。そう感じて、見つめるものだけが「花」なのです。

このことは人間の情愛の根源が「見つめること」にあることを証明しています。百姓仕事がまなざしを注ぐ（見つめる）ことを母体としているうちは、情愛を見つめるものとの間に情愛を生み出しますが、まなざしが衰えると（そういう技術が普及すると）情愛も衰えるのです。

一昔前の人間には、つまり近代化が行き渡る前の人間には生きものの声が聞こえたのは、生きものと話ができたのは、人間と人間以外の生きものとの交感が百姓仕事を通して濃密に行なわれ、情愛がとどめもなく湧いていたからでしょう。それはまるで生きものと人間の間の垣根がなかったか、とても低かったかのように思えます。

道ばたの野の花は、何のために咲いているか

道ばたの花を見つめてしゃがみ込み、「きみは何のためにそこにいるの」などと考えることもめっきり少なくなりました。しかし、畦道の野の花は何のために咲いているのでしょうか。このことを別の角度から考えてみましょう。

日本各地で、着実に（と言うのも変ですが）田んぼの畦への除草剤撒布が増え続けています。つまり畦道に野の花が咲かなくなっているのです。これは「国民国家のナショナルな価値を増やすために」行なわれているのです。こう言うと変なことを言うものだと思われるかもしれませんが、この本を辛抱強くここまで読み進めてきたあなたならもうわかるでしょう。稲作に「低コスト・生産性」が要求され続けた結果、百姓たちは「もう畦草刈りをやめて、除草剤を撒布するくらいしかコストを下げる道は残されていないな」と思い込むようになっているのです。

畦草の生存まで切り捨てなければならないくらいの「効率化」を求めているのは、もちろん政府の政策ですが、それを支持している国民がいるから成り立っているのです。「日本の米は外国と比べると高い」と言う日本人は、こういう行為を正当化していて、何ら恥じることのないニッポン国のニッポン人になっているのです。

畦に除草剤を撒布している多くの百姓を責めるわけにはいきません。国家からナショナルな価値

を増加させてくれという要請にまじめに応えているだけなのですから。しかし、たぶんそういう百姓は言うでしょう。「背に腹は替えられないのだ。こうでもしなければ、稲作を続けられないのだ。そういう政策が国民合意のうえで行なわれているのだ」と。そのとおりだと思います。

しかし、周囲のほとんどが除草剤を撒布しているのに、撒布しない百姓も厳然としていることをどう考えたらいいのでしょうか。国民国家の大勢とは、別の考えと思いを抱いているからです。それは何なのでしょうか。このことを考えるときに、いい事例があります。圃場整備をするとそれまできれいに咲いていた彼岸花が咲かなくなります。圃場整備は労働生産性を上げるのが目的ですから、その設計や工事は彼岸花には目もくれません。それなのに、工事が終わった後に、あえてもう一度彼岸花の塊茎を拾い集めて、植え直している百姓がいます。この彼岸花を野の花に敷延して考えてもいいでしょう。

彼岸花や野の花が咲く世界がなくなるのが寂しいのです。何か大切なものが失われたような気がして、胸が痛むのです。こういう情愛こそがパトリオティズムの母体です。こういう情愛がパトリオティズムの中にはしっかり詰まっているのです。そしてこういう情愛こそが、パトリオティズムの表現なのです。

地元の小学二年生の授業で、秋を感じる花を尋ねたところ、圧倒的に多かったのはコスモスで、彼岸花がひとり、薄（すすき）が二人、金木犀（きんもくせい）（たぶん庭木）が二人だったそうです。子どもたちのまなざしがどこに向いているのかよくわかりました。

かつて子どもたちの遊びの相手をしてくれた「赤まんまの花」つまり犬蓼（いぬたで）の赤い花や、畦や道ばたに咲き乱れる「野菊」つまり嫁菜の紫の花や、彼岸花と並んで畦を彩る薄紫のツルボの花や水路や田んぼの畦際に咲く溝蕎麦の紅色の花などは、もうけっして田舎の子どもたちの情愛の対象になることはないのでしょうか。

これは見事に現代の大人の百姓たちのまなざしを反映しています。大人たちのまなざしが「外からのまなざし」に置き換わってしまった影響です。それを牽引したのは、言うまでもなく現代の経済重視のナショナリズムです。

つまり、私たちが家族と共に毎日暮らしている場から、野の花へのまなざしと情愛が追放されているのです。もちろんそういうものに眼を向けているよりも、経済に眼を向けるほうが役立つからです。通学路の脇にいつも咲いていた花は、道路や歩道や側溝が舗装されると姿を消してしまいました。田んぼの上の赤とんぼや銀ヤンマや燕や雀も、田んぼの畦の彼岸花や薊や金鳳花も、田んぼが埋め立てられてコンビニになると見えなくなりました。野の花よりもとんぼよりも、そして田んぼという自然よりもコンビニが大切な社会になったのです。そういうように子どもたちは学んでいくのです。こういう国家の建設方針を社会では日々教育しておきながら、学校では自然と郷土を愛する精神を教育せよと言うのは、かなり異常なことでしょう。子どもと教師に深く同情します。

教育は人間だけがするものではありません。野の花に私たちは教えられて生きてきたのに、そのことを大人たちは伝えようとしません。それがいちばんの問題なのです。それでも子どもたちは花を見つけて心を向けるでしょう。私は、花に期待します。花よ、伝えてほしい、と願っています。花は資本主義の外の世界で咲いているのです。花を見つめ、花に惹かれる時は、資本主義の手が伸ばせないところで生きることができるのです。ここからパトリオティズムは立ちこめてくるのです。だからこそ私はできるだけ花が咲くことができる場所を足元に残したいと思って、除草剤を拒否して草刈りをしています。

引き受ける精神

田植えも終わり、稲もみるみる青みを増してくる頃、田んぼに行くとオタマジャクシが数匹集まって何かをつついています。よく見てみると木の葉のようです。もう木の葉の形はなく、ぼろぼろになってしまっています。水の底では、糸ミミズの巣穴から赤い尻尾が揺れています。その木の葉の小さな断片が巣穴に吸い込まれていきました。たぶん、糸ミミズが食べるのでしょう。

木の葉は上流の山から川を下ってやって来たのでしょう。そしてこの田んぼにたどり着き、オタマジャクシや糸ミミズの体を通って糞となり、この田んぼの土になるのです。田んぼの水もそうです。山の土や落ち葉や生きものの糞や死骸の養分を溶かし込み、田んぼにやって来て、土にくっつきます。田んぼに入ってくる水がきれいになって出て行くはずです。

上流の山と森は水によって私の田んぼとつながっています。水だけではありません。田んぼには毎年上流から土も流れ込んできます。水は田んぼから田んぼに流れ下り、やがてまた川に戻っていきます。水口は土が増え、水尻は土が減ります。したがって、毎年冬になると増えた土を減った土のところに移して、田んぼを元のように平らにするのです。川に流れ出た土は河口に下り、貝や海藻を育てるのでしょう。このように私の在所は、わが家の田んぼを中心にして山から海まで広がっている世界なのです。

ずいぶん前に、わが家の田植えを手伝いにやって来た小学生の女の子から尋ねられたことがありました。「どうして、田んぼには石ころがないの」と。私はうろたえましたが、あることに思い当たりました。今でも田んぼで仕事をしているとたまに足に石ころがあたります。そのたびに手を土の中に差し込んで石をつかみ出します。水でゆすいで、ちょっと眺めて、横の河原に放り投げます。「この田んぼの一部だったのだ」と感じます。

そのことを女の子に話したら、田植えが終わって河原で足を洗っていたその女の子が「この石ももとは田んぼの中にいたんだって」と友達に話しています。田んぼが生きものなら、あの石も生きものだったのです。

これももう二〇年以上前の思い出ですが、田んぼの草取りが終わって「ああっ、やっと終わった。明日からは楽になる」と言ったら、それを聞いていた年寄りの百姓から「あんたは、我がことばっかし語っとる。昔は草取りが終わったら、稲が喜んどると思うたもんじゃが」とたしなめられました。今では、草取りが終わった田んぼを見ると、田んぼ全体が楽しげに歌でも歌っているように感じられるのです。

この村に私が移住してきてもう二五年になります。田んぼは借地ですが、家族で田植えして、稲刈りをしてきました。すっかりわが家の田んぼですし、この田んぼの生きものもわが家の住人みたいなものです。しかし数年前に、小鬼田平子(こおにたびらこ)（昔はこれを仏の座と呼んでいました。春の七草のひとつです）が一面に咲き誇っている田んぼを耕しながら、「すまないな」と感じていました。小鬼田平子をことごとく土の中にすき込んでしまうからです。すると「さようなら、また会おうね」と言われているような気がしたのです。たしかに毎年毎年七日正月にはこの草を摘み、春になればこの花に会えます。ただ、そのときは奇妙な気持ちになったのです。「そうか、この草とこの田んぼが主人で、私は通っているだけなのか」というような気分に近い感覚です。田んぼや田んぼの生きものから見ると、私は田んぼに惹かれてやって来る生きものの一員なのでしょう。

この関係と言うか、つながりと言ってもいい共同体への情愛がわが身の中に宿るとき、在所へのパトリオティズムが私にも身についていきます。この天地有情の共同体こそが、パトリオティズムの根拠地だと感じるから、めぐみも時には災いも引き受けることができるのです。

私の在所は谷間の村で、南側と北側に山が迫っています。冬になると午前十一時にならないと庭に日が射してきません。しかも、一〇年に一度くらいの頻度で、山が崩れ土砂災害が起きます。それでも引っ越そうとは思いません。べつにやせ我慢ではありませんが、夏は涼しく冷房も要りませんし、災害のときはみんなで助け合うことができます。

引き受ける気持ちがあるからこそ、パトリオティズムは育ちます。経済的に採算がとれないからといって海外移転する精神とは対極にあるものです。経済ナショナリズムは引き受ける気持ちが希薄です。引き受ける精神こそ、近代化で衰亡させられてきた最大のものです。

タマシイのふるさと

この引き受ける精神の上に、前近代の天地観は成り立っていました。現在から見ると、それはまるで「宗教」のように見えます。このことについては第四章で取り上げましたが、ここでもう一度、戦前の農本主義者・橘孝三郎の言葉を引用してみましょう。

我々は稲や牛の生命力を我々の一切の技術的方法をあげても創造することもできなければ、大自然のこれらを生々育々せしめてゆく宇宙的作用を離れては策のほどこしようを知らない。我々はただ稲や牛の生命を見守って、自然の命ずるままに、その対象が促すところに従って、勤労の限りを尽くさなければならなかったのである。(『農村学』)

橘は、こういう感覚を「宗教」とは言っていません。ところが戦後の農本主義者・松田喜一は、はっきりと「宗教」だと言っています。

天地の恩恵で稲や麦が育つという考え方は宗教である。科学的に言えば、太陽も、空気も、土壌も、水も物質でしかない。しかしいかなる科学も、未だ人間はもとより、虫一匹も造ることはできない。すなわち『生命』ということに及べば科学では、虫けら一匹がどうにもならぬのである。ここに人間の及ばぬある霊体がある。実際神様とて言わなければ始末がつかない無形のものがある。それが天地の中に充満しているから、私どもはこれを天地天地と言っている。私どもが生きていくのは悉く天地の御恩である。(『農魂と農法・農魂の巻』)

資本主義や近代化に対抗し、天地有情の情愛とそれを母体とするパトリオティズムを守るには、前近代の(=反近代の)天地観で対抗するしかないのです。前近代から引き継がれてきたこのような感覚と感性こそが「天地有情!」(ああ、天地は生きもので満ちている)という感慨なのです。「稲の声が聞こえるようになれ」というのは、一昔前の百姓ならよく交わされた会話です。それは天地自然に包まれ、天地有情の共同体の一員として、内側から世界をとらえていたなら、難しいことはなく自然にできていたのです。自己中心で天地自然を見ているかぎりは、稲や田んぼや生きもの、つまり天地有情の喜びや悲しみやほんとうの姿は見えません。

自分を忘れ果てた境地になったとき、人間も生きものの一員となって天地に包まれているような気持ちになります。こういうときに生きものと交感でき、生きものの中に生の輝き=タマシイとでも呼ぶべきものを感じることもあります。これこそが情愛の核心でしょう。

そうです。情愛の世界こそが、表現されるとまるで「宗教」のように見えるのです。情愛こそが、資本主義に対抗する最後の武器になります。そろそろ、農のタマシイの世界をもっと本格的に表現する百姓が出てきてほしい、と心から願っています。

おわりに

隣の家の九十二歳になるお爺さんが、今日も狭い田んぼで耕耘機を押しています。そのまた隣の家の九十歳になるお婆さんが、今夜もまた薪で風呂を焚いています。たまに私が「大変でしょう」と声をかけると、「何が大変なものか、これも楽しみ」と答えてくれます。爺ちゃんも婆ちゃんも資本主義に溺れていません。片足はちゃんと外に出しています。

日本にも資本主義が手を伸ばしていない世界はまだまだいっぱいあります。どんなに社会が進歩・発展しても、資本主義化できないもの、近代化できないものこそが、未来に送る価値があるものです。カネにならない世界は温かく豊穣です。

資本主義を武器としている日本国のナショナリズムに対抗していくために、在所のカネにならないものたち、つまり天地有情の共同体の生きもの（人間も）が総出で、打ちかかっていく時代がもうそこまで来ています。生きものたちの代弁者としての私の表現はよく伝わったでしょうか。でも最後まで読んでいただいたなら、安堵します。

この本の半分は「山崎農業研究所」の機関誌『耕』に二〇〇六年から二

〇一二年まで連載したものですが、大幅に加筆したり削除したりしました。それというのも『農本主義へのいざない』（創森社）と『農本主義が未来を耕す』（現代書館）と合わせて農本主義三部作にしようと思ったからです。前二書よりもさらに根源的になっていると思います。

本書は敬愛する山下惣一さんと渡辺京二さんの著作から、肝心のところを引用しています。もっとも二人の意向とは異なる解釈をしているかもしれませんが、それは私の責任ですからお許しください。

農文協の阿部道彦さんと農文協プロダクションの田口均さんには、何回も内容と構成について意見を交わし、アドバイスを受けました。この両人がいなかったら、本書はひのめを見なかったでしょう。

私は遅れてきた思想家ですし、しかもほとんどが独学です。権威の裏付けなど持ちませんが、自前の思想を百姓仕事の中から紡いできました。それでも多くの人の教えや助言に支えられてきたことも事実です。一人ひとりの名前はあげませんが、ありがたく思っています。また、今回も私の本を天地有情の情感で包んでくれた画家の小林敏也さんに感謝します。

二〇一五年二月

宇根　豊

参考文献

序章

アーネスト・サトウ『一外交官の見た明治維新』岩波文庫　一九六〇年
橋川文三『ナショナリズム』紀伊國屋書店　一九六八年、復刻版一九九四年
西川長夫『国民国家の射程』柏書房　一九九八年
新川　明『沖縄・統合と反逆』筑摩書房　二〇〇〇年
梅本雅弘「山奥の一軒家を支える意味――いま学びたい石黒忠篤の農政思想」『増刊現代農業　集落支援ハンドブック』農文協　二〇〇八年
渡辺京二『近代の呪い』平凡社新書　二〇一三年
渡辺京二『日本近世の起源――戦国乱世から徳川の平和へ』洋泉社　二〇一一年

第一章

橘孝三郎『農村学』建設社　一九三一年
安達生恒「農本主義論の再検討」『思想』四二三号　岩波書店　一九五九年
松井浄蓮『飽くこともなくこの農の道』農耕文化研究振興会　一九九四年
松井浄蓮『天運に乗託して農に生きる』農耕文化研究振興会　一九九三年
渡部忠世『百年の食』小学館　二〇〇六年

第二章

山下惣一『いま、米について。――農の現場から怒りの反論』ダイヤモンド社　一九八七年
山下惣一『農家の父より息子へ』家の光協会　一九八八年
嵐　嘉一『日本赤米考』雄山閣出版　一九七四年
守田志郎『日本の農耕』農文協　一九七九年
瀬戸口明久『害虫の誕生』ちくま新書　二〇〇九年
橘孝三郎『農村学』建設社　一九三一年
東畑精一『日本農業の展開過程』岩波書店　一九三一年、農文協版一九七八年

第三章

山下惣一『野に誌す』六芸書房　一九七三年

第四章

松田喜一『農魂と農法・農魂の巻』日本農友会出版部　一九五一年
松田喜一『農業を好きで楽む人間になる極意』農友会　一九六七年
宮沢賢治『農民芸術概論綱要』宮沢賢治全集一〇　ちくま文庫　一九九五年
安藤昌益　刊本『自然真営道』安藤昌益全集一三　農文協　一九八六年
親鸞『自然法爾書簡』（佐藤正英「親鸞における自然法爾」『自然』東京大学出版会　一九八三年所収）

渡辺京二『日本近世の起源――戦国乱世から徳川の平和へ』洋泉社　二〇一一年
溝口雄三『中国の「自然」』岩波書店　一九八七年
『老子』福永光司訳　朝日新聞社　一九七八年
川崎　謙『神と自然の科学史』講談社　二〇〇五年
森三樹三郎『「無」の思想』講談社現代新書　一九六九年
道元『正法眼蔵』『日本思想大系一二　道元（上）』岩波書店　一九七〇年
藤原辰史『稲の大東亜共栄圏――帝国日本の〈緑の革命〉』吉川弘文館　二〇一二年

―――― **第五章**

橘孝三郎『農村学』建設社　一九三一年
橘孝三郎『日本愛國革新本義』建設社　一九四二年
橘孝三郎『農業本質論』建設社　一九四二年
橘孝三郎『農本建国論』建設社　一九三五年
斉藤之男『日本農本主義研究――橘孝三郎の思想』農文協　一九七六年
中島岳志『血盟団事件』文藝春秋　二〇一三年
橘孝三郎「ある農本主義者の回想と意見」『思想の科学』一九六〇年六月号　中央公論社
松沢哲成『橘孝三郎――日本ファシズム原始回帰論派』三一書房　一九七二年
保阪正康『五・一五事件――橘孝三郎と愛郷塾の軌跡』草思社　一九七四年
櫻井武雄『日本農本主義――歴史的批判』白揚社　一九三五年

渡辺京二『日本近世の起源――戦国乱世から徳川の平和へ』洋泉社　二〇一一年
権藤成卿『自治民範』平凡社　一九二七年、復刻版・黒色戦線社　一九七二年
渡辺京二「権藤成卿における社稷と国家」
『日本コミューン主義の系譜　渡辺京二評論集』葦書房　一九八〇年
渡辺尚志『百姓の力――江戸時代から見える日本』柏書房　二〇〇六年
権藤成卿「農村自制論」『改造』一九三二年六月号　改造社
権藤成卿『日本農制史談』純真社　一九三一年
滝沢 誠『権藤成卿』紀伊国屋書店　一九七一年
岩崎正弥『農本思想の社会史――生活と国体の交錯』京都大学学術出版会　一九九七年

第六章

農と自然の研究所「設立趣意書」二〇〇〇年

終章

橘孝三郎『農村学』建設社　一九三一年
松田喜一『農魂と農法・農魂の巻』日本農友会出版部　一九五一年

宇根　豊（うね・ゆたか）

一九五〇年長崎県島原市生まれ。福岡県農業改良普及員時代の一九七八年より減農薬稲作運動を提唱。虫見板を普及させ、害虫でも益虫でもない「ただの虫」という概念によって、農学と農業技術の世界を天地自然にまで広げていく道を拓いた。一九八九年に新規参入で就農。二〇〇〇年福岡県を退職して、ＮＰＯ法人農と自然の研究所を設立し、代表理事に就任。この研究所は二〇〇六年第七回明日の環境賞、二〇〇九年生物多様性アワード受賞。二〇一〇年四月に一〇年の使命を終えて解散。農学博士。

著書『減農薬のイネつくり』『「田んぼの学校」入学編』『百姓学宣言』（以上、農文協）『天地有情の農学』（コモンズ）『農は過去と未来をつなぐ』（岩波ジュニア新書）『農本主義へのいざない』（創森社）『農本主義が未来を耕す』（現代書館）『生きもの語り』（家の光協会）ほか多数。

愛国心と愛郷心

新しい農本主義の可能性

二〇一五年三月二十五日　第一刷発行

著者　宇根 豊

発行　一般社団法人 農山漁村文化協会
〒一〇七-八六六八　東京都港区赤坂七-六-一
電話 〇三-三五八五-一一四一（営業）　〇三-三五八五-一一四五（編集）
ファックス 〇三-三五八五-三六六八
振替 〇〇一二〇-三-一四四四七八
http://www.ruralnet.or.jp/

印刷　株式会社 東京印書館

ISBN978-4-540-14153-9 〈検印廃止〉

DTP制作――株式会社農文協プロダクション
ブックデザイン――堀渕伸治◎tee graphics
装画・イラスト――小林敏也

減農薬のイネつくり

宇根 豊 著　一六〇〇円＋税

農薬多投にならざるを得ない指導の体質を痛烈に批判し、減農薬の手順と方法を誰でもできるように手ほどきする。虫見板でイネつくりが楽しくなる。

減農薬のための 田の虫図鑑

宇根 豊・日鷹一雅 著　一九四三円＋税

害虫だけでなく、益虫（天敵）・ただの虫たちの田の中での生活をカラー写真で紹介、これらの虫たちの世界を知らずして減農薬稲作は不可能。

「田んぼの学校」入学編

宇根 豊 文・貝原 浩 絵　一七一四円＋税

イネだけでなく多くの生き物の命を育む田んぼ、里山、小川、ため池など田んぼ環境に触れて感じて育てて考え合う。「田んぼの学校」のテキスト。

自給再考 グローバリゼーションの次は何か

山崎農業研究所 編　宇根 豊・関 曠野・結城登美雄ほか 著　一五〇〇円＋税

自給をとらえ直すなかで、自然と農と食そして暮らしをめぐる循環と信頼こそ、世界に共通する価値観（グローバルスタンダード）とすべきではないかと訴える。

百姓学宣言 シリーズ地域の再生21

宇根 豊 著　二六〇〇円＋税

「技術」ではなく「仕事」の視点に立ち、国の自給率や多面的機能論など、客観的指標のもつ危うさをえぐりつつ、生き物豊かな田んぼを引き継ぐ道を日常の営みから提言。

（価格は改定になることがあります）